Rouen
1880

Marchand, E

Conférence sur la doctrine des engrais chimiques

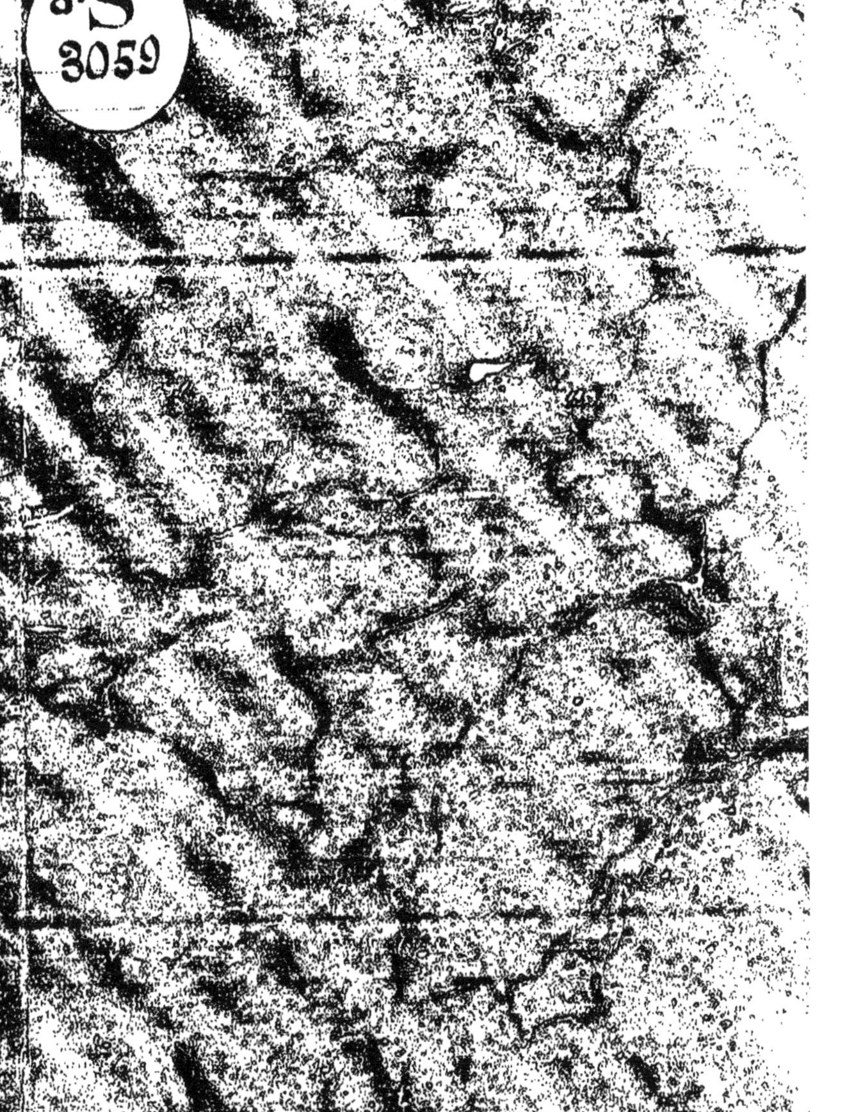

SOCIÉTÉ CENTRALE D'AGRICULTURE
DE LA SEINE-INFÉRIEURE

CONFÉRENCE

SUR LA

DOCTRINE DES ENGRAIS CHIMIQUES

ET

L'UTILITÉ DES CHAMPS D'EXPÉRIENCES AGRICOLES

Faite dans douze cantons des arrondissements du Havre
et d'Yvetot.

Par M. Eugène MARCHAND
de la Société nationale d'Agriculture de France, etc.

ROUEN,
IMPRIMERIE HENRY BOISSEL,
Rue [illegible]

1880

SOCIÉTÉ CENTRALE D'AGRICULTURE
DE LA SEINE-INFÉRIEURE

CONFÉRENCE
SUR LA
DOCTRINE DES ENGRAIS CHIMIQUES
ET
L'UTILITÉ DES CHAMPS D'EXPÉRIENCES AGRICOLES

Faite dans douze cantons des arrondissements du Havre et d'Yvetot.

Par M. Eugène MARCHAND
de la Société nationale d'Agriculture de France, etc.

ROUEN
IMPRIMERIE HENRY BOISSEL
Rue de Lémery, 14.

1880

Cette Conférence a été faite :

Le 17 Mai 1880, à Bolbec;
18 — à Goderville;
19 — à Lillebonne;
20 — à Montivilliers;
22 — à Saint-Romain;
24 — à Cany;
26 — à Valmont;
28 — à Fauville;
29 — à Caudebec;
1er Juin à Saint-Valery-en-Caux;
2 — à Yvetot;
5 — à Doudeville.

LA DOCTRINE DES ENGRAIS CHIMIQUES

Et l'Utilité des Champs d'Expériences Agricoles

MESSIEURS,

Un concours de circonstances fâcheuses et fatales, a contribué puissamment à créer pour l'agriculture française, l'état de souffrance qui, depuis quelques années, paralyse le développement de sa prospérité. Des conditions climatériques défavorables à l'accomplissement régulier des phénomènes de la végétation, et aussi, ce qui en est la conséquence naturelle, la lutte que vous avez à soutenir contre l'introduction sur nos marchés, des matières étrangères, similaires de celles que vous obtenez dans vos fermes, telles ont été, au moins en partie, les causes les plus efficientes de cette douloureuse situation, que la conservation de vos intérêts vous oblige d'améliorer sans retard, par tous les moyens qui sont en votre pouvoir.

La Société centrale d'agriculture de notre département, toujours soucieuse de trouver une solution avantageuse aux questions qui forment la base de vos plus graves préoccupations, a tenu, vous le savez tous, à vous témoigner pendant la crise que vous traversez, toute sa sollicitude, en se faisant elle même, auprès des pouvoirs de l'Etat, l'interprète de votre inquiétude et de vos aspirations. Dans cette intention, elle a réclamé à votre profit, une protection, qui paraît nécessaire à un grand nombre d'entre vous, pour vous préserver contre les envahissements de cette concurrence dont vous redoutez, non sans raison, les effets!...

Après la Chambre des députés, le Sénat étudie en ce moment cette grave question. Eh bien ! quelque soit le résultat des des délibérations qui vont être prises, il ne faut pas vous bercer d'un espoir illusoire : Soyez en bien persuadés, vous aurez toujours maintenant à vous aider vous mêmes, plus que vous ne l'avez fait jusqu'à ce jour, pour mieux vous sauvegarder contre les éventualités de l'avenir. En effet, alors même que vous obtiendriez tout ce que vous demandez, il vous resterait encore beaucoup, — beaucoup à faire. Mais quoi qu'il arrive, je tiens dès à présent à vous en donner l'assurance, vous pouvez trouver dans les conseils de la science, écoutés et mis en pratique avec soin, les éléments d'un succès mieux assuré, — les éléments d'une prospérité plus durable.

Guidée par cette pensée, la Société centrale m'a fait l'honneur de me confier le soin de venir exposer devant vous, les résultats que des expériences bien faites, ont mis en évidence depuis une trentaine d'années, au grand profit de la pratique agricole et de l'intérêt public.

Ces résultats dont l'importance comme l'exactitude ne peuvent plus être contestés, sont dûs aux efforts d'un grand nombre de savants, parmi lesquels il en est un surtout, sur qui je dois aujourd'hui appeler spécialement votre attention, car vous lui devez une grande reconnaissance, parce qu'il a consacré sa vie à des études laborieuses, qui ont donné des fruits dont vous êtes les premiers appelés à profiter. Les résultats de ses travaux ont eu un grand retentissement, et lui ont donné une grande et légitime notoriété, non seulement en France, mais encore dans toutes les contrées du Vieux et du Nouveau monde, où l'on se préoccupe de la recherche des moyens propres à assurer la conservation et le développement de la fertilité des terres. Je veux parler de M. Georges Ville, professeur au muséum d'histoire naturelle de Paris, dont les belles études, accomplies dans le champ d'expériences de Vincennes, sont venues éclairer de la plus vive lumière, tous les détails, même les plus obscurs, de la physiologie végétale, considérée dans ses rapports avec le développement des récoltes.

La Société centrale d'agriculture, *frappée*, comme tous les hommes compétents du monde agricole, de l'importance des résultats obtenus par M. Ville, n'a pas tardé à acquérir la certitude que le salut de l'Agriculture, à l'époque actuelle, se trouve, au moins en *grande partie*, surtout dans l'application générale des grandes lois formulées par lui ; et entraînée *par* cette conviction profonde, elle a décidé de contribuer à leur vulgarisation, en provoquant partout, dans l'étendue de sa circonscription, là *où* le concours intelligent et patriotique des municipalités lui est acquis, l'annexion à chaque école primaire, d'un champ d'expériences destiné à être mis en culture sous vos yeux, conformément aux prescriptions de M. Ville. Elle a été assez heureuse pour organiser 70 de ces champs, dans lesquels les démonstrations vont commencer, dès cette année même, à être faites.

En même temps, et grâce au concours dévoué qui nous a été promis avec l'empressement le plus louable par messieurs les instituteurs, les jeunes générations qui viennent s'asseoir sur les bancs de leurs écoles, vont être appelées à être, avec vous, les *témoins* des faits qui s'accompliront dans ces champs. Cela va nous permettre de les initier à ces premiers grands faits de la science agricole, que tout le monde en France devrait connaître à l'heure qu'il est, et qui, malheureusement pour notre pays, sont encore ignorés du plus grand nombre de ceux que cela intéresse.

L'appui accordé par les Ministres de l'Agriculture et de l'Instruction publique, et par M. Limbourg préfet du département, au projet de la Société centrale, atteste son haut degré d'utilité ! Je n'ai donc pas besoin d'insister pour vous en faire voir toute la portée, et je puis, sans autre préambule, aborder l'exposé de la doctrine de M. Georges Ville, que j'ai reçu la mission très particulière de vous faire connaître.

L'agriculture, Messieurs, est une industrie qui a pour but principal, nous pouvons dire pour but unique, d'utiliser à son profit, avec l'économie la mieux entendue, les forces puissantes dont la Nature se sert, pour produire les végétaux et les animaux ! Cette production qui ne s'accomplit que sous l'influence de la vie, est basée sur l'emploi et la mise en jeu de certains agents qui, dans leur essence même, ne sont rien autre chose que les éléments constitutifs des êtres qu'il s'agit d'obtenir.

Lorsque l'on soumet l'un de ces Êtres à l'action du feu, vous savez tous ce qui arrive : il se détruit en répandant autour de lui une grande quantité de chaleur et de lumière, accompagnée de gaz et de vapeurs qui se dissipent dans l'atmosphère, tandis qu'il se forme un résidu incombustible, que tout le monde connaît sous le nom de Cendres.

Avant leur dissociation par le feu, ces cendres, et les éléments gazeux qui se dissipent dans l'atmosphère, constituent dans leur ensemble, la totalité matérielle de l'être soumis à la destruction : la science et la raison enseignent que cet ensemble ne peut avoir été apporté dans la constitution de cet être, que par ses aliments. Il devient donc nécessaire de déterminer avec soin, la nature des matières, ou, pour parler le langage des chimistes, la nature des éléments dont les différents êtres sont formés, puisque de cette connaissance l'on doit pouvoir déduire avec certitude celle des matériaux qui ont dû concourir au développement de ceux qui les fournissent.

Eh bien ! la chimie nous enseigne à cet égard, que quelque soit la nature de l'être examiné, — que ce soit un végétal ou un animal, — le plus majestueux des chênes ou la plus humble des mousses, — le plus gros des mastodontes ou le plus petit des cirons, ces matériaux, c'est-à-dire ces éléments, sont toujours les mêmes, et qu'ils se présentent toujours aussi au nombre de quatorze au moins, dont voici l'énumération :

Oxygène, Hydrogène, Carbone et Azote ;
Potasse, Soude, Chaux, Magnésie ; oxydes de Fer et de Man-

ganèse; Chlore (1), acide Phosphorique, acide Sulfurique et acide Silicique (ou Silice).

Les quatre premiers éléments constituent par leur association en proportions diverses, la trame organisée de tous les êtres que la vie anime. Pendant la combustion de ces êtres, ils se groupent et s'associent entre eux, — ils s'unissent sous des formes nouvelles, et, lorsque la combustion s'accomplit d'une façon complète, ils se répandent dans l'atmosphère, surtout à l'état de gaz acide carbonique, de vapeur d'eau, de gaz ammoniaque, et même d'azote à l'état élémentaire. L'azote et l'ammoniaque sont toujours abondants dans les produits volatils résultant de la destruction des animaux. Ils le sont moins dans ceux fournis par les végétaux, mais on les y trouve toujours aussi, en proportions variables.

Les dix derniers corps nommés à la suite des quatre précédents, constituent par leur réunion, les cendres formant le résidu de la combustion, et leurs quantités, leurs proportions relatives varient aussi pour chaque espèce d'être brûlé ; mais quelle que soit encore cette espèce, — et laissez moi le redire, qu'elle appartienne au règne végétal, ou au règne animal, elle abondonne toujours ces dix corps comme résidu fixe, quand on la soumet à l'action du feu.

Ces résultats généraux doivent fixer très particulièrement votre attention : ils font voir que pour se développer, la vie a toujours besoin de trouver et de mettre en jeu les mêmes matériaux qu'elle associe en proportions infinies, et qu'elle pétrit, en quelque sorte, de toutes les façons, pour leur donner ces formes aussi variées qu'innombrables qui caractérisent tous les êtres qu'elle anime, et qui peuplent l'air, la terre et les eaux.

Mais si les mêmes éléments concourent ainsi à la production de tous les êtres organisés, ces êtres exigent qu'ils leur soient *fournis sous des états différents et bien déterminés*, selon qu'ils appartiennent à l'un ou l'autre règne : les végétaux ne se déve-

(1) Outre ces éléments, les plantes marines contiennent toujours aussi de l'Iode et du Brome, dont nous n'avons pas à nous préoccuper ici.

loppent bien qu'autant qu'ils les rencontrent à l'état gazeux dans l'air, ou sous des états salins en dissolution dans l'eau dont le sol doit toujours être pourvu, et sans avoir contracté l'une de ces formes dont il vient d'être question, et que la vie imprime toujours à la matière qui se trouve assujettie à son influence organisatrice ; en un mot, *les végétaux ne se nourrissent que de substances minérales*.

Les animaux, au contraire, ne veulent que des éléments élaborés sous l'influence de la force vitale, c'est à dire qu'ils exigent pour leur nutrition des produits déjà organisés, dont une partie, riche en azote, doit être analogue aux matières qui les constituent eux-mêmes, car ils seraient impuissants à les fabriquer, à les créer pour se les assimiler, s'ils ne les rencontraient tout formés dans les substances végétales qu'ils consomment, ou dans les matières animales dont ils font leur nourriture. Nous n'avons pas aujourd'hui à nous occuper d'eux : Nous ne devons, en effet, nous préoccuper dans cette séance, que de la recherche des conditions propres à assurer la production abondante et économique des végétaux.

Je vous ai indiqué tout à l'heure les éléments dont ceux-ci sont formés. Pénétrons maintenant plus avant dans l'examen des caractères que doivent présenter ces éléments pour devenir susceptibles de leur servir d'aliments.

Les plantes sont fixées au sol, et, par cela même, elles sont impuissantes à se mouvoir. Par conséquent, elles doivent trouver dans les milieux où elles vivent, tous les principes nécessaires pour assurer leur développement. L'air atmosphérique dans lequel les chimistes constatent la présence de l'oxygène, de l'azote, de la vapeur d'eau, et d'une très petite quantité d'acide carbonique (3 litres environ sur 10.000 litres d'air) leur fournit par cet acide, le carbone qui entre ordinairement pour les quatre à cinq dixièmes dans la constitution de leur trame organique. On l'y trouve associé à des quantités un peu plus fortes d'oxygène et d'hydrogène présents ordinairement dans les proportions nécessaires pour former de l'eau. Ainsi, par exemple, dans un kilogramme de foin desséché, l'on trouve en nombres ronds :

Carbone	379.0
Oxygène	465.0
Hydrogène	58.0
Azote	14.5
Matière constitutive des cendres	83.5
	1.000.0

Nous devons tirer de ceci une conclusion : c'est que les plantes empruntent à la terre sur laquelle elles vivent, seulement le dixième environ de leur poids, et souvent beaucoup moins, des matériaux dont elles sont formées, tandis que les neuf autres dixièmes proviennent de l'atmosphère, c'est à dire d'une source dont la jouissance ne coûte rien, et dans laquelle elles peuvent toujours puiser, sans que nous ayons à craindre de la voir jamais se tarir.

Comme vous le voyez, messieurs, l'industrie agricole est une industrie privilégiée ! Seule entre toutes, elle multiplie la matière qu'elle emploie, puisqu'elle obtient des produits au moins dix fois, — souvent vingt fois plus abondants que ceux qu'elle achète et met en œuvre; mais ceci n'est pas tout : tandis que toutes les autres sont obligées de faire une dépense considérable de Force pour accomplir leurs travaux, elle seule encore, emmagasine dans les produits qu'elle fabrique, c'est à dire dans les végétaux qu'elle met en voie de développement, une provision non moins considérable de cette même force, que les autres utilisent plus, et que le Soleil, avec une inépuisable libéralité (qui sert fructueusement vos intérêts) met lui même au service de la végétation sous forme de lumière, ainsi que je vais vous l'indiquer tout à l'heure.

Vous n'avez donc qu'à aider vous mêmes, dans son œuvre de production, en faisant quelques sacrifices nécessaires, ce merveilleux excitateur de la vie végétale, pour arriver sûrement à la fortune.

L'assimilation du carbonne par les plantes s'accomplit dans des conditions très particulières bien intéressantes à étudier, et qu'il me paraît nécessaire de signaler à votre attention : elle ne s'opère que sous l'influence directe de la lumière, et proportionnellement à l'intensité de son pouvoir éclairant ; c'est pour cela que la végétation prospère peu lorsque le ciel est couvert.

Au jour comme dans l'obscurité, les végétaux respirent en absorbant avec les autres gaz de l'atmosphère, l'acide carbonique dont ils subissent le contact ; mais il ne s'assimilent le carbone qui entre dans la composition de ce gaz (1) qu'autant qu'ils sont frappés par la lumière. L'assimilation se fait dans les feuilles, au contact et sous l'influence de la matière verte qui les colore, et elle s'opère en donnant lieu à l'accomplissement d'un double phénomène : Le carbone en se libérant de sa liaison avec l'oxygène, s'unit aux éléments de l'eau pour former ces matières sucrées ou amylacées qui se répandent ensuite dans l'organisme végétal, tandis que l'oxygène redevenu libre, et inutile au développement de la plante, est rejeté par elle dans l'atmosphère dont il régénère la pureté, qui est assujettie, vous le savez, à de nombreuses causes de viciation.

Les animaux, au contraire, s'assimilent cet oxygène, qu'ils absorbent en respirant, et ils l'utilisent pour entretenir la chaleur qui leur est propre, en le combinant par un véritable acte de combustion, avec leur propre substance, et avec le carbonne des matières hydro-carbonées introduites dans leur sang pendant l'accomplissement des phénomènes consécutifs de la digestion. Lorsque cette fonction est achevée, ils le rejettent dans l'air, transformé en acide carbonique.

Vous le voyez, le contraste est grand : les animaux absorbent l'oxygène de l'air, et le renvoient par l'expiration dans l'océan aérien, après l'avoir transformé en acide carbonique. Les végétaux, au contraire, absorbent cette acide carbonique, le décomposent dans leurs feuilles, sous l'influence de la lumière, au ontact de leur matière verte, et rejettent dans l'air son oxygène

(1) L'acide carbonique est formée uniquement de carbone uni avec de l'oxygène. On appelle carbone, le charbon pur.

redevenu libre par le fait de l'assimilation, qu'ils ont opérée, du carbone auquel il était uni.

C'est ainsi que s'établit dans la nature, ce grand cycle qui assure pour toujours la perpétuité de la vie à la surface de la terre : sans les végétaux, la composition de l'air s'altérerait de plus en plus, et cet élément deviendrait impropre à l'existence des animaux, puisque ceux-ci, consommateurs d'oxygène et producteurs d'acide carbonique, ne peuvent continuer de vivre dans une atmosphère appauvrie du premier de ces gaz, ou trop chargée du second. Et, si à son tour, le règne animal n'était là pour restituer à l'atmosphère l'acide carbonique dont les végétaux s'emparent sans cesse, ceux-ci cesseraient aussi d'exister puisqu'ils se trouveraient bientôt dans l'impossibilité de se procurer l'élément dominant de leur constitution : le carbone.

Je n'insiste pas sur ces considérations générales qui pourraient m'éloigner de mon sujet, auquel je m'empresse de revenir bien vite.

Nous savons maintenant quels sont les éléments qui entrent dans la constitution des plantes, et nouus savons qu'outre le carbone qu'elles puisent dans l'air, et l'eau qu'elles trouvent tout à la fois dans l'air et dans le sol, elles puisent dans les couches arables sur lesquelles elles sont fixées par leur racines, les dix éléments minéraux qui entrent dans leur constitution. Il nous reste donc à rechercher encore, l'origine, que nous n'apercevons pas, de l'azote qu'elles contiennent toujours aussi, fixé dans leurs tissus.

Eh bien ! puisque l'atmosphère baigne sans cesse les végétaux qui se développent dans son sein ; — puisque ceux-ci, en respirant, absorbent toujours une partie des éléments gazeux dont elle est formée, il doit paraître naturel de croire qu'une certaine quantité de l'azote que l'air contient, et qui entre dans sa composition pour les 79 centièmes de son volume, intervient directement dans la nutrition des plantes, et contribue ainsi à la formation des matières organisées, dans lesquelles le chimiste sait toujours le retrouver ?

Cela n'est pas parfaitement vrai ! M. Ville a bien prouvé, de la façon la plus certaine, par des expériences exécutées avec ces soins minutieux qui commandent la confiance, que certaines plantes, toutes peut-être, lorsqu'elles se développent dans certaines conditions, empruntent de l'azote à l'air, mais, malgré cela, il est hors de doute que les plantes dont vous poursuivez la production, se partagent en deux groupes dont l'un exige que le sol mette à la disposition de leurs racines, sous un état assimilable, des quantités de l'élément en question, au moins égales à celles qu'elles emportent avec elles, lorsque vous en opérez la récolte. Ce groupe comprend le froment, l'avoine, l'orge, le seigle, — les céréales en un mot, — puis les graminées, le colza, les betteraves, les carottes, etc.

Le second groupe est constitué surtout par les plantes de la famille des légumineuses, dans lesquelles nous trouvons les différentes variétés de trèfle, la luzerne, le sainfoin, les pois, les vesces, les haricots, etc., qui, cela n'est plus douteux, puisent surtout dans l'atmosphère, la majeure partie de l'azote qu'elles fixent dans leurs organes, ainsi que les admirables travaux de MM. Dumas, Boussingault, Georges Ville, etc., en ont fourni la preuve irrécusable. On sait d'ailleurs que ces plantes ne sont influencées que faiblement, lorsqu'elles le sont, par l'azote des engrais que le sol peut mettre à leur disposition.

Cette double constatation est d'une importance dont vous devez apprécier la valeur, car il s'en déduit pour vous tous, messieurs, les plus heureuses conséquences : Elle vous dispense de rendre à vos terres arables, comme je vous en donnerai bientôt le conseil, des quantités d'azote égales à celles dont vous les appauvrissez lorsque vous les dépouillez de la totalité des végétaux qu'elles produisent, si ces végétaux contiennent dans leur ensemble, une certaine proportion de légumineuses. Or, vous devez tous le savoir maintenant, l'azote est le plus onéreux de tous les agents de fertilisation dont votre situation actuelle vous conduit fatalement à faire l'achat.

Il résulte donc de ce que je viens de dire, que vous ne devez à vos terres que l'azote nécessaire à la production des plantes du premier groupe, et une faible partie de celui qui est condensé dans les organes des végétaux dont les pois et les trèfles sont des types bien caractérisés. Mais n'anticipons pas.

Si les quatorze éléments dont vous connaissez maintenant les noms, la nature et l'origine, sont les constituants constants et normaux de tous les végétaux, nous sommes obligés d'admettre qu'ils doivent tous, indispensablement, leur être fournis? Cela est hors de doute, et à cet égard l'expérience nous enseigne que l'absence d'un seul d'entre eux, suffit pour faire naître des troubles profonds dans le développement de la plante qui se trouve privée de son influence ; et que s'ils se prolongent, ces troubles prennent une importance assez grande pour amener fatalement la mort de tous les êtres qui les éprouvent.

Vous pouvez apprécier dès à présent, les conséquences de ce fait dont la gravité est bien faite pour vous frapper. Il en résulte d'une façon certaine que la production agricole se trouve toujours limitée dans son intensité, par celui des éléments indispensables pour assurer le développement régulier des plantes, qui se trouve mis à la disposition de celles-ci en quantité insuffisante pour donner, à la fois, satisfaction aux besoins d'un grand nombre d'entre-elles !

A l'exception des composés azoté qui, cependant, s'y trouvent souvent répandus en petite quantité à l'état assimilable, et que vous y apportez dans les engrais dont vous vous servez pour les rendre fertiles, — tous les terrains contiennent tous les éléments minéraux dont nous nous sommes déjà préoccupés ; mais l'expérince de tous les jours, nous apprend aussi, qu'à l'époque actuelle, il en est plusieurs, trois surtout, dont le sol arable est peu riche, et dont il s'appauvrit partout avec rapidité, par l'enlèvement des récoltes qu'il fournit, et par celui des produits élaborés par les animaux qu'il nourrit. Ces éléments sont la *potasse*, la *chaux*, l'*acide phosphorique* qui disparaissent toujours avec des quantités plus ou moins considérables *d'azote*.

Il est donc utile de veiller à ce que les terres consacrées à la production agricale restent toujours suffisamment pourvues des quatre éléments en question, car on le sait de science certaine, leur présence est particulièrement nécessaire pour assurer l'abondante luxuriante de la végétation. Par conséquent, l'on doit les *restituer* à la terre à mesure qu'elle les perd, en donnant les récoltes qu'elle fournit. La restitution doit toujours être faite à doses égales aux pertes si l'on ne veut pas que le niveau de la fécondité s'amoindrisse. On doit même l'opérer à doses supérieures, si l'on veut assurer l'élévation constante de ce niveau, ainsi que l'intérêt public, et le vôtre en particulier le commandent.

Une pratique séculaire nous a appris que cette restitution s'accomplit avec succès au moyen du fumier. Cependant, si cela était vrai dans les temps antérieurs, il faut bien reconnaître que les exigences du temps où nous vivons, ne permettent plus d'assurer la prospérité dans nos campagnes, par le seul et exclusif emploi de cet agent de fertilisation. Nous sommes arrivés, en effet, à une époque, où l'abondance des produits qui sortent de vos fermes, malgré son insuffisance, est déjà telle qu'elle détermine en même temps l'exportation hors du domaine, d'une partie relativement considérable de sa fécondité. Le vide qui se produit ainsi chaque jour dans votre sol arable, va sans cesse grandissant, à moins que vous n'accroissiez la masse et la richesse de vos fumiers, en faisant consommer à vos bestiaux, des denrées alimentaires tirées du dehors (toujours onéreuses par conséquent), et équivalentes au moins par leur richesse en potasse, en chaux, en acide phosphorique et en azote, aux exportations que vous faites de ces matières, en transportant vos produits jusque dans les mains de ceux qui vous les achètent.

Vous faites la restitution de la chaux en ayant recours à l'opération du marnage, dont nos plus vieux ancêtres savaient déjà apprécier les avantages. Je ne m'appesantirai donc pas aujourd'hui sur l'utilité de cette restitution particulière, quoique cela ne soit peut être pas sans nécessité, car la présence de l'oseille qui se développe encore en ce moment dans un trop grand nombre des champs de cette contrée, témoigne d'une bien regrettable indifférence dont sont les premiers à souffrir ceux qui s'en rendent coupables : ne l'oubliez pas, les terres qui ont besoin d'être marnées sont toujours limitées dans leur puissance de production par la quantité d'élément calcaire, qu'elles sont en état de mettre au service de la végétation. En général, elles sont peu fertiles. Par conséquent ceux qui les exploitent n'ont pas le droit de se plaindre du faible rendement qu'ils en obtiennent : il ne peuvent s'en prendre qu'à eux-mêmes de leurs insuccès !

Constitué par les litières et les produits excrémentiels rejetés par les bestiaux nourris de matières végétales, le fumier contient nécessairement toutes les parties minérales et azotées de ces aliments qui ne sont pas utilisées, ainsi que celles qui ne se fixent pas dans la machine animale, pendant l'accomplissement des phénomènes de la nutrition ; mais il les contient dans des états, et sous des formes qui mettent en grande partie obstacle à ce qu'elles passent de nouveau dans la circulation de la vie des plantes, tant que la fermentation ne les a pas rendues solubles dans l'eau, en désaggrégeant les pailles et toutes les agglomérations de matières organisées dans lesquelles elles sont emprisonnées, car, tant qu'elles ne sont pas désorganisées, ces matières les retiennent fixées dans leurs tissus, avec une grande force.

Il faut en effet, de toute nécessité, que les substances minérales alimentaires des végétaux, se présentent aux racines de ceux-ci, dans un état de dissolution aqueuse bien complète, ainsi que je l'ai déjà dit, pour que leur passage dans l'organisme soit possible :

Dans les temps où la terre se dessèche, la végétation se ralentit, et donne des produits moins abondants, parce que l'alimentation minérales des plantes se trouve entravée, et que l'assimilation du carbone qui est régie par elle, se trouve très affaiblie !

J'ai signalé à votre attention, le rôle important, joué par la lumière : vous voyez maintenant celui de l'eau. Je n'ai pas besoin d'insister pour vous en faire remarquer la haute utilité : vous la connaissez tous aussi bien que moi.

L'on a attribué pendant longtemps, et beaucoup de personnes attribuent encore aujourd'hui, aux matières noires du fumier, à ce que l'on appelle l'*humus*, un rôle prépondérant dans l'accomplissement des phénomènes de la végétation. C'est là une grande erreur qu'il importe de détruire, et qu'il faut vous empresser d'oublier vous mêmes, si vous la partagez, car elle pourrait devenir préjudiciable aux intérêts de l'agriculture, si l'on continuait à l'accepter comme article de foi. L'humus, en effet, n'intervient jamais *directement* dans la vie des plantes. et quoique l'on ait assuré le contraire, il est certain que celles-ci ne l'admettent jamais, *en nature*, dans les vaisseaux où circule leur séve, que que leurs racines n'ont pas été blessées, ou mutilées par un accident quelconque.

Cependant la présence de l'humus dans la terre cultivée est nécessaire, et rien ne peut l'y remplacer. Il y est utile pour plusieurs raisons que je vais indiquer. D'abord, il ameublit le sol. en tenant ses molécules minérales écartées les unes des autres ; — il le rend plus poreux en se détruisant lentement ; puis il y favorise l'accès de l'air, surtout celui de l'oxygène, dont il fait un appel incessant, et dont la présence dans la terre est nécessaire pour assurer l'accomplissement régulier des phénomènes de la végétation.

Ensuite, il est utile, parce qu'en raison de son hygrométricité, il retient facilement l'humidité dans les couches superficielles, et que dans les temps de sécheresse, il soutire et condense la vapeur aqueuse, qui, ainsi que je vous l'ai dit, est toujours répandue dans l'air. Grâce à cette propriété, il préserve le terrain, dans une certaine mesure, contre les causes d'effritement que la sécheresse met si souvent en activité. Il est utile aussi, parce qu'en subissant les phénomènes de la pourriture sèche, il se convertit lentement en acide carbonique, dont une partie se répand dans l'air, où il est absorbé par les premières feuilles des végétaux avec lesquelles il se trouve en contact, et dans lesquelles il dépose, sous l'influence de la lumière, le carbone qui entre dans sa constitution.

Ceci nous permet d'expliquer l'utilité des sarclages : les plantes adventices qui se développent au milieu de celles dont vous poursuivez la production, s'assimilent nécessairement une notable proportion des éléments fertilisateurs contenus dans le sol, qu'elles appauvrissent d'autant, mais en même temps, elles s'emparent aussi du gaz qui s'échappe continuellement de ce sol, et s'alimentent ainsi du carbone que ces plantes elles-mêmes pourraient s'assimiler, si l'acide gazeux dans lequel il est contenu, n'était mis qu'à la disposition de leurs feuilles. En présence d'un tel résultat, jugez vous mêmes du préjudice que vous vous causez, lorsque vous négligez de faire opérer la suppression de ces mauvaises herbes, comme cela n'arrive que trop souvent !

Quant au gaz carbonique resté confiné dans la terre arable, il réagit sur certains principes minéraux, notamment sur la terre blanche, le carbonate de chaux, ce principe actif de la marne, qu'il rend soluble dans l'eau.

Enfin, l'humus est encore utile, dans le sol, parce qu'en exerçant lui-même directement son action sur toutes les substances minérales avec lesquelles il se trouve en contact, surtout celles qui sont considérées comme absolument insolubles, il vainc leur résistance à l'action de l'eau, et assure leur assimilabilité. C'est ainsi que les os et les phosphates fossiles réduits en poudre, et que le sable lui même, lorsqu'on les incorpore dans les tas de fumier, passent en dissolution dans les purins dont ils accroissent alors la puissance de fertilisation (1).

L'humus n'a pas d'autre utilité dans la terre arable ; il n'y joue pas d'autre rôle !

Si cette vérité est aujourd'hui bien démontrée, et elle l'est parfaitement, comme vous le verrez bientôt,— il en résulte pour l'agriculture, un fait d'une importance capitale : c'est que le

(1) On a attribué aussi a l'humus la propriété de fixer sur ses molécules une certaine quantité d'azote de l'air, qu'il condenserait ainsi dans un état favorable à son assimilation par les végétaux. Cela n'est pas encore bien démontré.

fumier ne doit sa puissante action qu'aux éléments minéraux introduits dans sa masse par les végétaux qui ont servi à le produire. C'est donc avec raison que je vous disais, il n'y a qu'un instant, que les plantes ne se nourrissent que de ces éléments, parmi lesquels nous devons classer les sels azotés dont ils sont accompagnés, car l'expérience fait voir que l'azote des fumiers ne devient actif qu'autant qu'il contracte l'une des formes caractéristiques de ces sels, qui, par leur nature, appartiennent incontestablement au règne inorganique.

Ces formes sont seulement au nombre des deux : la forme ammoniacale, et la forme nitrique.

L'ammoniaque est le résultat de la combinaison de l'azote avec l'hydrogène, tandis que les nitrates présentent l'azote combiné avec l'oxygène. L'ammoniaque des sels déposés dans le sol se transforme sous certaines influences en acide nitrique, tandis que l'acide des nitrates, se réduit lui-même à l'état d'ammoniaque, sous d'autres influences concomitantes de celles qui viennent d'être indiquées. Cela explique l'importance du rôle joué dans la pratique agricole par ces deux sortes de composés, — et comment ils peuvent se substituer les uns aux autres, lorsqu'on les envisage dans leurs rapports avec la fertilité des terres.

A cet égard, permettez moi d'ouvrir une parenthèse, et de vous signaler un fait d'une grande gravité : l'azote des matières organiques, quelle que soit l'origine et la nature de ces matières, par conséquent l'azote du fumier, ne se transforme jamais en totalité en sels utilisables, tandis que s'accomplissent les phénomènes dont la production de l'humus est le signe caractéristique. Une certaine quantité de cet azote, et une quantité relativement considérable, car elle varie de 1/7 à 1/3 de la masse totale, reprend alors sa forme élémentaire inactive, et se dissipe à l'état gazeux dans l'atmosphère, au grand détriment des cultivateurs qui éprouvent toujours de ce chef, un préjudice considérable.

Au contraire l'azote qui a contracté la forme ammoniacale ou nitrique, résiste aux causes de destruction qui viennent d'être indiquées, et concourt, sans déperdition, dans la mesure de sa valeur, au développement des végétaux qui le trouvent mis à la disposition de leur racines.

Je ne saurais trop vous engager à ne jamais perdre de vue ces faits si importants pour vous : ils touchent trop profondément vos intérêts pour que vous puissiez négliger un seul instant de leur accorder toute l'attention qu'ils méritent. Ils doivent surtout être présents à votre esprit, lorsque vous achetez des agents de fertilisation cotés en raison de leur teneur en azote, puisqu'il résulte de ce que je viens de dire, que vous ne pouvez acheter ce principe à un taux aussi élevé dans les matières organiques, que dans les sels qui le contiennent à l'état assimilable. En général, aujourd'hui, vous ne devez pas consentir à payer l'azote engagé dans des combinaisons organiques, au-delà des deux tiers, ou tout au plus des trois quarts du prix auquel vous pouvez vous le procurer en achetant du sulfate d'ammoniaque : ce sel constitue, en ce moment, par excellence, le type le plus économique de tous les agents de fertilisation activés par l'azote. Je reviendrai à la fin de cet entretien, sur cette grave question.

Je viens de dire que l'humus n'intervient jamais dans la vie des plantes : j'ajoute maintenant, que l'on peut obtenir des récoltes dans les terres qui en sont complètement dépourvues. Ce fait important a été mis en évidence par les beaux travaux de M. Georges Ville. Ce savant éminent a fait des cultures dans du sable calciné, c'est-à-dire dans un terrain ne contenant aucune trace de matière organique, — par conséquent aucune trace d'humus, et il y a obtenu des plantes qui ont parcouru le cycle entier de leur végétation : c'est-à-dire qu'elles y ont développé leurs feuilles, qu'elles y ont donné leurs fleurs, et enfin qu'elles y ont reproduit leurs semences.

Pour obtenir ce merveilleux résultat, M. Ville avait pris le soin d'ajouter au sable, un sel azoté, et tous les principes minéraux qui entrent normalement dans la constitution des végétaux, mais il les y avait incorporés sous des états salins tels qu'ils étaient solubles dans l'eau, ce qui, vous le savez, était la condition essentielle de leur assimilabilité.

Cette belle expérience, dont l'importance ne saurait vous échapper, — cette belle expérience répétée un grand nombre de fois, a toujours donné les mêmes résultats, non-seulement dans les mains de M. Ville, mais encore entre celles de tous les expérimentateurs compétents qui ont voulu en contrôler l'exactitude.

C'est donc un fait bien établi aujourd'hui : la végétation peut se développer, elle peut parcourir toutes ses phases dans un sol dépourvu d'humus !... Je me hâte, Messieurs, de tirer de ce fait la déduction qu'il comporte : elle est sans doute bien inattendue pour un grand nombre d'entre vous, mais son importance est on ne peut plus considérable, ainsi que vous pouvez en juger : elle prouve que *sans recourir au fumier, l'on peut opérer la fertilisation des terres, en employant seulement des agents minéraux convenablement choisis, convenablement appropriés !*

Toutefois, pour que ma pensée soit bien comprise, pour qu'elle ne donne lieu à aucune fausse interprétation, je m'empresse d'ajouter que ce n'est pas une raison pour renoncer au puissant agent de fertilisation que vos pères vous ont habitués à employer ; personne n'a songé, jusqu'à présent, et personne encore aujourd'hui ne songe à vous en donner le conseil, car le fumier est et sera toujours pour vous le plus complet et le plus économique des engrais, chaque fois que vous l'obtiendrez en nourrissant avec abondance, convenance et économie (trois termes qui ne s'excluent pas) les animaux entretenus et mis en exploitation dans vos fermes.

Quoi qu'il en soit, il était utile de formuler devant vous cette grande vérité. Maintenant que vous l'avez entendue, il m'est permis de vous dire ceci :

Vous ne pouvez préparer et obtenir tous à la fois, même à grand prix d'argent, la masse de fumier nécessaire pour assurer chez vous, partout aussi à la fois, comme votre intérêt l'exige, les rendements d'une culture qui doit être aussi intensive que possible. En conséquence, n'hésitez pas à compléter l'insuffisance du fumier dont vous disposez en employant, concurremment avec lui, certains agents minéraux dont la puissance ainsi que la valeur comme agents de fertilisation sont bien établies maintenant, et que le commerce ou l'industrie vous offrent à des prix assez affaiblis pour que leur introduction, faite avec convenance dans vos terres, vous donne toujours en grande abondance des produits largement rémunérateurs.

Pour mieux justifier cette pensée, ce conseil, formulé au nom de la Science, M. Ville s'est livré, à Vincennes, à des expériences nouvelles qui lui ont fourni encore des résultats dont l'importance est telle, cette fois, qu'ils auront pour conséquence certaine d'élever avec économie les chiffres de la production dans toutes les fermes où l'on saura faire l'application des lois qui en découlent.

En s'appuyant sur ce fait digne d'être noté, que presque partout, sinon partout, le sol arable est en état de fournir à la végétation, pendant de longues périodes culturales, pendant de longs siècles, sept des éléments dont on constate toujours la présence dans les cendres : la soude, la magnésie, les oxydes de fer et de manganèse, le chlore, l'acide sulfurique et la silice, M. Ville a pensé avec juste raison qu'il est inutile, au point de vue de la fertilisation des terres, de se préoccuper de ces éléments dont la restitution est loin de devenir nécessaire (1), et guidé par cette considération, il a essayé de composer des mélanges fertilisateurs, — je veux dire des engrais, — en associant entre eux des sels azotés, des sels de potasse, des sels de chaux et du phosphate assimilable, sans y ajouter aucune trace d'humus.

Ensuite, après avoir étudié l'influence que ces mélanges, constitués à différentes doses, exercent sur la production des récoltes, il a déterminé encore par d'autres expériences l'action exercée sur les mêmes plantes par les mêmes engrais, privés de l'un, de

(1) Il sera toujours très facile de l'opérer pour chacun des éléments indiqués, lorsque le besoin s'en fera sentir.

deux ou de trois de leurs principes actifs. En agissant ainsi, il est parvenu à mettre en évidence l'utilité de chacun de ces principes, et l'indispensabilité de l'association de leurs pouvoirs fertilisateurs, pour donner satisfaction aux besoins des plaintes et aux exigences de la culture.

En d'autres termes, M. Ville a constaté que par leur association en proportions convenables pour chaque situation et pour chaque cas particulier, ces mélanges constituent de véritables engrais *complets*, dont l'activité, ainsi que la puissance comme agents de fertilisation, sont égales au moins à celles qui se résument dans les effets exercés par le fumier, quand ils ne leur sont pas supérieurs. Je dis avec intention : Quand ils ne leur sont pas supérieurs, car il arrive souvent, en effet, que les résultats obtenus sous leur seule influence, et dans tous les cas, avec leur concours, sont meilleurs que ceux obtenus en employant seule aussi la matière chargée de produits excrémentiels que l'on est habitué à considérer comme ne pouvant être remplacée quand il s'agit de restituer au sol sa fécondité.

Ceci, Messieurs, doit vous paraître peu croyable. Il est donc nécessaire que je vous donne sans retard la justification de cette affirmation. La voici :

Une expérience faite dans le département de la Drôme, chez M. Bravay, sur un sol rocailleux, défriché exprès pour cette expérience, a donné par hectare en froment :

	hectolitres
Avec l'engrais chimique complet.............	30 00
Avec 29,000 kilog. ou 36 mètres cubes de fumier.	10 80
Et sur la terre sans engrais............... .	2 80

Dans une autre expérience faite dans une contrée plus rapprochée de nous, à Evreux, chez MM. Masson et Izarn,

L'engrais chimique a produit en froment par hectare.......................	40 hectolitres
alors que 30,000 kilogr. ou 37 mètres 5 de fumier, n'ont rendu que.....	19 —

Maintenant M. le marquis d'Havrincourt, dans le Pas-de-

Calais, en faisant des essais sur la culture des pommes de terre, a obtenu en tubercules, par hectare.

Avec l'engrais chimique complet.	16 000	kilogrammes
Et avec 55 000 kil. ou 40 mètres cubes de fumier, seulement....	8 000	—

Au juste la moitié de ce qui s'est développé sous l'influence de l'engrais chimique.

Enfin voici les résultats obtenus de la culture de la betterave faite sur une terre de qualité ordinaire par M. Peyrat, directeur de la ferme-école de Beyrie.

Avec 1700 k. d'engrais chimiques, le rendement a été par hectare de....	53.000	kil. de racines
Avec 80.000 kil. ou 100 mètres cubes de fumier, il n'a pas dépassé.	49.200	—
Et enfin sur des terres sans engrais, il s'est abaissé à..............	8.150	—

Je me borne à ces citations que je pourrais faire beaucoup plus nombreuses : celles-ci suffisent pour vous mettre en état d'apprécier l'exactitude de mes propositions, que je dois mieux justifier encore, cependant, en vous donnant l'explication de la cause de cette valeur particulière et supérieure que nous devons reconnaître maintenant aux engrais chimiques, lorsque nous comparons leur action à celle du fumier de ferme. Je le fais de suite :

Je vous l'ai déjà dit, et j'ai particulièrement insisté sur ce fait : dans l'état actuel de la fertilité de nos terres, les principes utiles contenus dans le fumier sont seulement au nombre de quatre : l'azote, la potasse, l'acide phosphorique et la chaux, mais ces agents y sont contenus en proportion aussi variables que sont variables eux-mêmes dans leur composition, les aliments employés pour nourrir les animaux dont les déjections constituent avec les litières (de composition variable aussi), les tas dont on fait l'emploi. Dans ces conditions l'on conçoit que la matière incorporée dans le sol puisse se trouver peu chargée de l'un ou de l'autre de ses éléments utiles ; et comme, dans tous les cas, ces éléments ne deviennent aptes à jouer un rôle actif, qu'autant qu'ils se libèrent par la fermentation des liens organisés dans lesquels ils se trouvent engagés, l'on comprend aussi qu'ils puissent, à de certains moments, se trouver répartis dans le terrain en proportions telles que l'un ou plusieurs d'entre eux soient insuffisants pour assurer le développement d'une abondante récolte.

Lorsque cela arrive, — et ce cas se présente souvent, je vous l'assure, — ce développement se trouve toujours limité par la dose active de l'élément contenu en proportion insuffisante, car les autres éléments dont il est accompagné présents alors en excès, par rapport à lui, ne peuvent intervenir qu'en partie dans l'accomplissement des phénomènes de la végétation. Ceux qui alors ne sont pas utilisés, restent fatalement sans emploi dans le sol, et sans que le capital qu'ils représentent donne lieu à la production de ces intérêts que l'on doit toujours exiger de lui, pour qu'il ne se dissipe pas sans donner des produits compensateurs.

Avec les engrais conseillés par M. Ville, cet inconvénient n'est plus à craindre, car, d'une part, la science est en état de nous faire connaître maintenant, d'une manière générale, les exigences de chaque variété de plantes cultivées ; et, d'autre part, lorsque ces exigences sont connues, il est possible de calculer la formule de l'engrais complet nécessaire pour les satisfaire. C'est ce que l'on ne peut pas faire, lorsque l'on ne se sert que du fumier.

Il m'est facile de vous fournir encore la preuve de ce que je viens de dire : pour cela je n'ai que l'embarras du choix, dans les nombreuses expériences faites, soit par M. Ville, soit par des agriculteurs bien connus, en se servant simultanément d'engrais chimiques complets, et d'engrais incomplets. Je relève seulement les deux suivantes dont les résultats sont frappants :

Au champ d'expériences de Vincennes, on a obtenu par hectare, les rendements suivants, dans la culture du blé opérée sans fumier :

Avec l'engrais complet	39	hectolitres
— — sans chaux.......	37	—
— — — potasse......	28	—
— — — phosphate ...	24	—
— — — matière azotée	13	—
Et sans aucun engrais................	11	—

Ici, vous le voyez, la matière azotée contenue dans le sol était insuffisante pour produire au-delà de 13 hectolitres de froment, tandis que l'adjonction d'une quantité suffisante de cet élément aux autres principes constitutifs de l'engrais, en portait immédiatement le rendement à 39 hectolitres. L'on peut faire des remarques analogues sur le rôle joué par l'acide phosphorique et la potasse.

Voici maintenant, les résultats d'une autre expérience faite sur les betteraves, au Mesnil-Saint-Nicaise, dans le département de la Somme, par M. Cavallier, qui a obtenu par hectare, en kilogrammes de racines :

Avec l'engrais complet......................	51.000
— — sans chaux............	47.000
— — — potasse...........	42.000
— — — phosphate.........	37.000
— — — matière azotée.....	36.000
Sans aucun engrais...............	25.000

Ici l'azote et l'acide phosphorique faisaient surtout défaut, dans une certaine mesure, mais l'engrais complet était encore nécessaire pour obtenir un bon rendement.

L'expérience de ce qui se passe tous les ans, dans notre pays de Caux, me permet de vous donner l'assurance que ce qui manque le plus dans ses terres, ce sont l'azote et l'acide phosphorique, — surtout l'azote. La disette de potasse se fait sentir même aussi, fort souvent, particulièrement dans les champs consacrés à la production du trèfle, de telle sorte que pour vous assurer d'abondantes moissons, vous devez employer simultanément avec le fumier, les engrais plus ou moins complets que M. Georges Ville nous a fait connaître, et qui en forment si heureusement le complément économique.

Dans ses expériences multipliées sous toutes les formes, l'éminent professeur du jardin des plantes s'est trouvé encore en présence des faits que je dois vous signaler aussi, car ils auront pour résultat, si vous voulez bien en tenir compte, de vous amener à modifier la composition de vos engrais complémentaires, selon la nature des plantes auxquelles vous les affecterez.

M. Ville a vu, en effet, que lorsque les plantes sont cultivées sur un sol de fertilité moyenne, et pourvu déjà, par conséquent, d'une quantité d'azote, de potasse, de chaux et de phosphate assimilables, suffisante pour donner une récolte moyenne, si l'on assujettit ces plantes à l'action particulière et isolée de chacun des éléments constitutifs de l'engrais chimique complet, elles sont influencées fort inégalement par chacun d'eux. On en observe presque toujours un qui exerce sur leur développement une action prépondérante, tandis que les autres n'en font sentir qu'une très peu prononcée, où même n'en manifestent aucune.

Prenant en grande considération cette action prédominante de certains éléments, M. Ville a désigné sous le nom de *dominante* dans la culture de chaque espèce végétale, la matière fertilisante qui exerce ainsi la plus grande influence sur son développement.

Partant de là, il a constaté que l'azote est la matière qui joue le rôle le plus considérable dans la production du blé, du colza, des betteraves, et comme conséquence, il a signalé cette matière comme étant la *dominante* indispensable dans la culture de ces végétaux.

Au contraire, ce principe, lorsqu'il est contenu dans les engrais n'exerce qu'une action négative ou peu sensible sur les pois, la luzerne, le trèfle, et même sur les pommes de terre, tandis que l'intervention de la potasse assure le maxima de leur production. Dans ces conditions, la potasse est la dominante utile dans la culture de ces plantes, mais pour le trèfle en particulier, toute sa puissance d'action ne se fait sentir qu'autant qu'elle agit avec le concours de la chaux. C'est pour cette raison que l'apport des sels de potasse sur les terres qui ont besoin d'être marnées, reste si souvent sans action sur le développement de la plante en question.

Maintenant, la potasse et l'azote, n'interviennent que d'une façon fort peu marquée dans le développement des grosses racines fourragères de certaines plantes appartenant à la famille des crucifères ; — les rutabagas, les turneps, et même les navets, — tandis que le phosphate de chaux y exerce une influence tellement considérable, que souvent l'on en tire de très abondantes récoltes, particulièrement en Angleterre, par l'unique adjonction de cet élément au sol sur lequel on les cultive. L'acide phosphorique est donc l'agent dont l'intervention active est dominante dans les phénomènes de leur production. Sa présence assure mieux aussi l'action prépondérante du rôle joué par l'azote dans la culture des betteraves, surtout des betteraves à sucre.

M. Ville a tiré de ces faits deux partis bien avantageux : d'abord, il a constaté qu'en accroisant convenablement dans la composition d'un engrais complet, la dose de la dominante utile pour influencer le développement de la récolte que l'on veut obtenir, on assure le maximum de cette récolte. L'expérience enseigne que dans ce cas, le prix de revient du produit obtenu descend au minimum le plus bas. Or, vous le savez comme moi, les opérations de l'agriculture comme toutes celles de l'industrie ne deviennent lucratives qu'en raison même de l'abaissement de ce prix de revient.

Ensuite M. Ville a pensé à utiliser le rôle des dominantes, lorsqu'il s'agit, comme c'est le cas le plus ordinaire, d'obtenir la production des plantes qui se succèdent dans un assolement régulier. Il est arrivé ainsi a conseiller d'employer, tantôt des engrais complets, et tantôt des engrais incomplets, offrant toujours à la plante cultivée la dominante qu'elle réclame, parce qu'il est parvenu par ce moyen, à obtenir toujours les maxima de rendement, en réduisant à leur minima les dépenses d'engrais, pendant la durée de la période de rotation de l'assolement adopté. Vous apprécierez sans peine les conséquences économiques de ce mode d'agir que je n'ai pas besoin de vous signaler plus longuement. Il me suffit de l'offrir à vos méditations.

Je ne m'appesantis pas davantage, Messieurs, sur cet exposé général de la doctrine de M. Ville : il est complet. Par conséquent, je puis terminer là, cet entretien. Cependant, si je n'abuse pas trop de votre bienveillante attention, je vous prie de vouloir bien me l'accorder encore pendant quelques instants, car je désire aussi la fixer sur d'autres faits, surtout sur ce qui concerne la création et l'utilité des champs d'expériences auxquels M. Ville lui-même attache la plus haute importance. J'ai, en plus, à vous soumettre quelques réflexions, quelques conseils mêmes, au sujet des achats d'engrais que vous êtes dans la nécessité d'opérer maintenant.

L'emploi des engrais chimiques, dont M. Ville s'est fait l'apôtre infatigable, — le promoteur ardent et convaincu, constitue bien certainement la base la plus assurée sur laquelle vous pouvez asseoir aujourd'hui le développement nouveau de votre fortune. N'en doutez pas, lui seul peut vous mettre en état de perfectionner, en les rendant efficaces, vos moyens de lutter contre les envahissements de la concurrence étrangère, peut-être de la repousser loin de vous. Mais *il réclame une bien grande attention de votre part.* Vous ne devez pas, en effet, vous servir de ces précieux agents de fertilisation, au hazard ni sans discernement, comme je l'ai vu faire bien des fois. En me plaçant à ce nouveau point de vue, j'ai donc encore le devoir de vous mettre en défiance contre ce qui pourrait vous conduire à des insuccès ruineux.

A cet égard, il ressort de tout ce que je viens d'avoir l'honneur d'exposer devant vous, que pour éviter ces insuccès, vous n'avez à donner à vos terres, comme complément du fumier qu'elles reçoivent en quantité insuffisante, que les quatre éléments : potasse, chaux, acide phosphorique et azote, dont je vous ai parlé si souvent, mais *vous ne devez leur accorder chacun d'eux que dans les proportions nécessaires pour assurer l'abondante, l'intensive production de vos récoltes.*

Vous ne devez rien faire de plus, puisque, vous le savez maintenant, les excédents de ceux des quatre éléments qui restent sans emploi dans votre sol, y restent aussi sans produire d'intérêts : ils constituent un capital qui s'épuise, qui s'anéantit peu à peu, sans donner de profits tant qu'on ne le remet pas en activité. *C'est en cela que réside la difficulté que vous avez à vaincre lorsque vous employez les engrais chimiques.*

Eh bien ! en provoquant la création dans chaque commune d'un champ d'expériences annexé à l'école primaire, la Société centrale d'Agriculture de notre département est mue surtout par le désir de vous montrer comment cette difficulté peut être vaincue. Elle veut faire voir partout, dans l'étendue de sa circonscription, comment l'on peut arriver à la juste connaissance des besoins du sol arable, et à celle des principes dont on doit l'enrichir pour le mettre en état de servir avec profit les intérêts de l'agriculture !

Plus tard, dans nos entretiens aux bords de chaque champ d'expériences, je vous démontrerai les avantages de ce mode d'expérimentation, en vous indiquant les causes qui auront concouru au développement de tous les phénomènes dont l'état de la végétation nous rendra les influences appréciables ; mais, en attendant, je dois vous donner le conseil d'étudier vous-mêmes les besoins de vos terres, en en soumettant chaque année quelques mètres carrés à des expériences capables de vous éclairer.

Vos essais peuvent être faits indistinctement avec toutes les plantes dont vous faites la culture. En général, il faut les faire avec celles qui, dans la période culturale suivante, seront semées sur le terrain mis en expérience, le blé, par exemple. Vous les ferez se développer alors sur des parcelles sans engrais, et sur d'autres parcelles, soumises à l'influence de l'engrais complet (1), de l'engrais azoté sans substances minérales, et de l'engrais minéral sans matière azotée. Vous pourrez alors obtenir l'un des cinq résultats que je vais indiquer :

D'abord les produits pourront être égaux sur toutes les parcelles, où bien ils seront inégaux :

Si l'égalité de production est constatée, cela voudra dire que le terrain est suffisamment pourvu de tous les éléments de fertilité, puisque la parcelle sans engrais accusera une puissance de production semblable à celle qui caractérise toutes les autres. Cette bonne situation, j'ai le regret de le dire, ne se présentera jamais chez vous. Nous n'avons donc pas à nous en préoccuper ; elle témoignerait que vos terres ne réclament l'intervention d'aucun engrais étranger pour donner d'abondantes récoltes.

Ecartons cette situation reconnue impossible, malheureusement, et examinons ce qui se passera dans les conditions d'inégale fertilité. Quatre résultats généraux différents pourront être observés :

1° Les récoltes seront sensiblement de même poids, et de même valeur, sur les deux parcelles chargées, l'une de l'engrais complet, l'autre de l'engrais minéral, et supérieures à celles qui se seront développées sur les deux autres parcelles, et qui seront aussi de même importance. *Conséquences :* La terre ne réclame

(1) Voici les formules d'engrais chimique à employer par mètre carré superficiel :

	Engrais complet.	Engrais minéral.	Engrais azoté.
	—	—	—
Super phosphate de chaux (à 15 0/0 d'acide phosphorique assimilable)............	40 grammes.	40 grammes.	0 grammes.
Chlorure de potassium (à 80 0/0 de sel pur........	20	20	0
Sulfate de chaux (plâtre)....	20	20	0
Sulfate d'ammoniaque (à 20 d'azote 0/0)............	40	0	40

On peut remplacer le sulfate d'ammoniaque par 50 grammes de nitrate de soude à 15 ou 16 0/0 d'azote. Ce sel convient surtout pour l'essai des besoins des plantes dont les racines descendent dans les profondeurs du sol.

pas d'engrais azoté, puisqu'en l'absence de cet engrais la production est intensive, mais elle exige l'intervention d'une dose entière de l'engrais minéral ! (1)

2° La production de matière cultivée, accomplie par la parcelle pourvue seulement d'engrais azoté, est supérieure à celle opérée par la parcelle sans engrais, mais elle est inférieure à celle qui s'est développée sur les deux autres parcelles, dont les produits sont inégaux entre eux. *Conséquences :* La terre réclame tout à la fois les éléments de l'engrais minéral, et de l'azote assimilable ; il faut donc lui donner les éléments de l'engrais complet, mais la dose de matières minérales doit être proportionnellement moins élevée que celle de la matière azotée (2).

3° Les produits livrés par les quatre parcelles sont encore inégaux, et se classent ainsi qu'il suit dans l'ordre de leur importance en allant du plus faible au plus abondant : parcelle sans engrais ; parcelle à l'engrais minéral ; parcelle à l'engrais azoté ; et enfin, parcelle à l'engrais complet. *Conséquences :* La terre exige encore tous les éléments de l'engrais complet, mais dans l'association de ces éléments, c'est la matière azotée qui est la plus impérieusement réclamée (3).

4° Enfin, les produits développés sur la parcelle sans engrais, et sur celle qui a été pourvue d'engrais minéral, sont d'égale importance, et inférieurs à ceux développés sur les deux autres parcelles, qui les ont fournis en quantités sensiblement égales aussi. *Conséquences :* La terre ne réclame pas d'engrais minéral, mais il faut de toute nécessité lui donner une dose entière d'engrais azoté (4).

En vous donnant ces explications, je suppose que la démonstration des exigences ou de l'indifférence que la terre témoigne à

(1) Voyez champ n° 1 sur le tableau consacré dans l'appendice à la théorie des champs d'expériences.

(2) V. champs n°s 2 et 3 du tableau indiqué ci-dessus.

(3) V. champs n°s 4 et 5 du même tableau.

(4) V. champ n° 6 sur ce tableau.

l'égard de l'engrais azoté, se fait aussi par les plantes de la famille des légumineuses : les pois, le trèfle, etc. Ordinairement les choses ne se passent pas ainsi, puisque cette variété de plantes puise une grande partie de son azote dans l'air, mais ses besoins d'engrais minéraux s'accusent avec énergie : ils servent donc à rendre sensibles ceux que la culture du blé met en évidence, lorsque les essais sont poursuivis comparativement avec ces deux espèces végétales.

Dans le cas d'une divergence dans les résultats accusés alors, il devient probable que la potasse ou l'acide phosphorique se trouvent en proportion insuffisante par rapport aux autres éléments de l'engrais complet. L'on peut se renseigner à cet égard, en faisant aussi des essais comparatifs sur des parcelles chargées d'engrais complet sans potasse, ou sans acide phosphorique. Tout ce qui vient d'être dit peut servir de guide lorsque l'on veut tirer des conclusions de ces nouvelles expériences (1).

Pour rendre les essais plus concluants, l'on peut, et l'on doit même les exécuter aussi, en même temps, sur des parcelles chargées de la quantité de fumier que l'on accorde ordinairement à la plante mise alors en culture. Les produits obtenus sur cette parcelle, comparés à l'importance de ceux développés sur la parcelle chargée d'engrais chimique complet, et sur la parcelle sans engrais, donnent la mesure de la puissance de production du sol enrichi d'une dose normale de fumier, et permettent par conséquent de déterminer avec exactitude les proportions d'azote, de potasse, de chaux et d'acide phosphorique nécessaires pour compléter l'insuffisance de cet agent de fertilisation, si cette insuffisance devient appréciable. Je vous l'ai déjà dit, et vous le comprenez tous d'ailleurs, c'est un cas qui se présente bien souvent.

Maintenant que vous pouvez apprécier l'utilité des champs

(1) Tout ce qui a trait à cette importante question est élucidé dans la note publiée en appendice, à la suite du texte de cette conférence. L'on y trouvera exposée tout au long la méthode de calcul à suivre pour arriver à des conclusions utiles.

d'expériences, je puis vous redire encore, avec insistance, que vous devriez tous établir d'année en année, sur les diverses parties de votre assolement, ce mode d'étude : les renseignements que vous en obtiendriez vous éclaireraient avec une grande précision, et mieux que ne pourrait le faire le chimiste le plus exercé, sur le degré de fertilité de vos terres. Ils vous apprendraient, en même temps, la nature et la proportion des éléments que vous devez appliquer à celles-ci, avec ou sans fumier, pour exalter leur fécondité. Ils vous mettraient enfin en état d'éviter des dépenses inutiles et ruineuses.

Si comme je l'ai dit, — et je vous affirme que cela est vrai, — si la production des végétaux développés dans vos cultures est toujours limitée par celui des éléments indispensables, dont la dose active contenue dans le sol est relativement la moins considérable, eu égard aux besoins de la végétation, il devient évidemment inutile d'apporter à côté de lui, une quantité quelconque des autres éléments dont il est déjà accompagné. Vous le savez maintenant, cela vous occasionnerait une dépense ruineuse.

Ce que vous devez faire, en toutes circonstances, c'est établir un équilibre normal dans les rapports des quatre éléments nécessaires pour constituer l'engrais complet, tel qu'il est réclamé pour satisfaire l'abondante production des plantes que vous désirez récolter.

C'est parce que l'on ne sait pas observer toujours cette loi qui régit la composition et l'emploi des engrais chimiques, — et aussi, qu'il me soit permis de le dire, parce que l'on fait le plus souvent cet emploi à tort et à travers, sans connaître ce qui manque à la terre, et sans se préoccuper de savoir ce qu'elle peut ou ne peut pas faire, que vous rencontrez encore des hommes qui trouvent les engrais chimiques trop onéreux, et qui même, contestent leur utilité. Ils s'appuient sur des expériences mal faites, pour en tirer des conclusions erronées. C'est en agissant ainsi que l'on compromet les intérêts les plus sacrés.

L'institution des champs d'expériences a précisément pour

but, je ne saurais trop le redire, de vous faire voir comment l'on peut éviter ces fausses et fâcheuses interprétations. Ne l'oubliez pas, Messieurs, ce sont les plantes elles-mêmes qui, dans ces champs, parleront à vos yeux et à votre esprit. Le savant contre les conseils désinteressés duquel vous êtes trop souvent en défiance (nous pouvons bien le dire en passant, car ce n'est un mystère pour personne!) le savant, ne leur dictera pas ce qu'elles auront à vous dire. Elles répondront seules à vos questions, en toute conscience, et dans la plénitude de leur indépendance, en vous faisant connaître la nature de leurs besoins. Vous ferez donc acte de sagesse en les consultant souvent, — en les écoutant toujours!

Maintenant, en vous conseillant, comme je le fais, d'établir des champs d'essais, je dois vous mettre en garde contre une tendance d'esprit que bien peu d'expérimentateurs ont su éviter jusqu'à présent :

Il ne faut pas songer à trouver dans ces champs des renseignements dont ils ne sauraient fournir les éléments. On ne doit pas, par exemple, comme on le fait trop souvent, leur demander des termes de comparaison entre le prix de revient des produits obtenus d'une part sous l'influence du fumier employé seul, et d'autre part, sous l'influence des engrais chimiques employés seuls ou associés au fumier lui-même. Tels que je vous les ai conseillés, *ils ne sont pas institués dans cette intention.*

Cette comparaison, soyez-en bien convaincus, ne peut être faite avec convenance, — elle ne peut donner des renseignements de quelque valeur, qu'autant qu'elle porte sur des récoltes opérées dans les champs où l'on utilise les engrais chimiques contenant seulement en proportions nécessaires les agents qu'il faut employer pour donner satisfaction aux besoins *connus* d'une production intensive des plantes sur lesquelles ils doivent exercer leur action.

Lorsque l'on n'agit pas dans ces conditions spéciales, l'on apporte toujours dans la terre des excédants de l'un ou l'autre des quatre agents fertilisateurs, dont la valeur est cotée ; et vous le savez maintenant, ces excédants, en restant alors sans emploi, grèvent les produits d'une dépense exagérée, toujours préjudiciable, qu'il importe d'éviter, puisqu'elle détermine toujours une augmentation, quelquefois considérable, dans les prix de revient qu'il s'agit d'établir, et dont il ne saurait être équitable de les affecter.

Soyez-en bien persuadés, Messieurs, les engrais chimiques conduisent sûrement à la fortune les hommes qui savent en faire l'emploi judicieux, avec méthode et circonspection. Ceux qui ne les utilisent pas dans ces conditions bien définies, peuvent, sans doute, en tirer, — et ils en tirent même souvent un profit réel, mais les premiers seuls, vous devez le comprendre maintenant, sont assurés du succès.

Au reste, et ne l'oubliez pas, ce que je dis en ce moment des engrais chimiques, est applicable aussi sans exception à tous les agents de fertilisation dont vous pouvez être conduits à faire l'achat, puisque tous doivent leurs qualités uniquement à l'azote, à la potasse, à la chaux et à l'acide phosphorique qu'ils contiennent à l'état assimilable : les lois de la nature ne peuvent jamais s'interpréter de deux manières opposées.

La création des champs d'expériences, dont la Société centrale poursuit l'annexion aux écoles primaires, a rencontré une vive opposition dans un grand nombre de communes de ce département, de la part des cultivateurs, membres des conseils municipaux ! Ce fait étrange ne peut s'expliquer que par un malentendu, car il répugne de croire que c'est en connaissance de cause, ou de parti pris, que ses adversaires ont mis dans tant de localités à la fois, une entrave obstinée à sa réalisation. Aussi je veux croire que mieux éclairés ils se feront eux-mêmes nos auxiliaires, et nous prêteront leur concours.

Ils auraient dû comprendre qu'en agissant comme elle le fait, la Société centrale, — dont la haute compétence en ces matières ne peut être contestée par aucun d'eux, — veut servir fructueusement les intérêts de l'agriculture comme elle est habituée à le faire avec succès depuis l'époque de sa création, c'est à dire depuis plus d'un siècle. Elle ne demande aux communes auxquelles elle s'adresse, rien autre chose que la mise à la disposition des instituteurs assez dévonés pour lui prêter leur concours (et ils le sont tous), d'un champ de 15 à 16 ares, dont le prix de location ne saurait affecter sérieusement le budget municipal, mais qui, malgré cela, peut être couvert au besoin, en partie, par une allocation préfectorale, là où l'insuffisance de ce budget est notoire.

Ne l'oubliez pas, Messieurs, *la Société centrale ne vous demande rien pour elle,* et veuillez reconnaître qu'elle s'impose de lourds sacrifices pour faire luire la lumière à vos yeux, puisqu'elle offre de donner partout, *gratuitement et en franchise de port*, comme elle l'a déjà fait d'ailleurs, les semences et les engrais chimiques nécessaires pour l'accomplissement des expériences dont elle poursuit la réalisation. Et en échange, ne l'oubliez pas non plus, elle ne réclame que l'indication exacte des poids ou des volumes (selon le cas), des produits qui seront obtenus, parce qu'elle veut vous faire connaître dans chaque cas particulier les déductions exactes que vous pouvez en tirer.

Au demeurant, la Société centrale, mue par le désir de vous être utile, veut entreprendre, *sans qu'il vous en coûte rien*, une démonstration qu'elle considère comme capable de vous donner le moyen d'améliorer la situation dont vous vous plaignez, et dont vous n'auriez pas le droit de vous plaindre, si vous vouliez faire obstacle à son amélioration. Dans tous les cas, de deux choses l'une : la démonstration cherchée, aboutira à des résultats dont l'application, — dont les conséquences vous paraîtront ou ne vous paraîtront pas utiles.

Si elles ne vous intéressent pas, vous serez libres de les tenir pour non avenues, et vous pourrez continuer à marcher dans la voie où vous regrettez d'être engagés Si, au contraire, vous les trouvez dignes de fixer votre attention, vous en ferez chez vous l'application qui vous conviendra le mieux. Et si cette application vous conduit, un peu plus tard, comme nous l'espérons, à une situation meilleure, la Société centrale, heureuse de vous avoir guidés une fois de plus vers la perfection de vos cultures, se contentera de savoir que ses efforts auront abouti à ramener chez vous cette confiance dans l'avenir que vous semblez avoir perdue, — cette *sécurité* qui paraît vous échapper.

Ah ! je vous en conjure, Messieurs, ne vous faites pas d'illusions : aujourd'hui, pour que votre industrie soit prospère comme elle le peut être, il faut de toute nécessité que vous vous décidiez à prendre la science pour guide, comme vos concurrents étrangers le font eux-mêmes : ses adeptes seuls, en suivant son sillon lumineux, sont en état d'avancer avec sécurité dans la voie du progrès, tandis que la routine et l'empirisme, toujours entourés de ténèbres, ne peuvent y marcher qu'en trébuchant à chaque pas, tant qu'ils ne sont pas secourus par elle.

Il me reste maintenant à vous indiquer les agents de fertilisation que le commerce vous offre, et auxquels vous devez accorder la préférence pour compléter l'insuffisance du fumier dont vous disposez, et accroître l'intensité de vos récoltes. Ce sont :

1o Pour les matières azotées :

Le sulfate d'ammoniaque, le nitrate de soude et le nitrate de potasse.

Le premier de ces sels mérite aujourd'hui (1) votre préférence. Riche à 20 pour 0/0 d'azote, on vous l'offre au prix de 53 à 55 fr. les 100 kilogrammes. Il vous livre donc cet élément au prix de 2 fr. 75 le kilogramme. Aucune autre matière, quelle qu'en soit la nature, ne le met actuellement à votre disposition, à l'état assimilable, à un taux aussi affaibli.

Par suite des événements dont le Pérou et le Chili sont en ce moment le théâtre, le nitrate de soude qui nous vient de ces pays a atteint sur nos marchés un cours inabordable pour vous. Sa valeur comme agent de fertilisation ne dépasse pas les trois quarts de celle du sulfate d'ammoniaque. Lorsqu'elle sera des-

(1) Mois de mai 1880.

conduc à ce rapport, vous pourrez faire un emploi utile de ce sel qui contient 15 pour 0/0 de son poids d'azote. La soude qui entre dans sa composition ne mérite pas d'être taxée : elle est sans utilité, et par conséquent sans valeur, comme engrais.

Enfin, le nitrate de potasse, plus connu sous le nom de salpêtre, peut être considéré tout à la fois comme une source d'azote et de potasse. Il vous présente ces deux éléments réunis à un prix trop élevé pour que vous puissiez songer à l'utiliser.

2° Pour la potasse :

Le commerce vous l'offre dans le *sulfate, le nitrate et le muriate de potasse.* On désigne aussi ce dernier sel sous le nom de *chlorure de potassium*, et on le cote à 21 fr. les 100 kilogrammes, lorsque par sa composition il peut donner la moitié de son poids de potasse. C'est lui qui en ce moment fournit cet élément au prix le plus affaibli : environ 42 centimes le kilogramme. Il constitue le seul engrais à base de potasse dont je vous conseille de faire l'emploi à l'époque actuelle. Tous les autres sont plus onéreux, et ils le sont sans compensation.

3° Enfin, l'Acide phosphorique se trouve dans :

Le superphosphate de chaux, les os et les phosphates fossiles qu'il faut avoir soin de n'acheter qu'en poudre impalpable, — dans *les noirs de raffinerie, et le phosphate de chaux précipité.*

Le superphosphate peut seul vous fournir l'acide phosphorique immédiatement assimilable, mais il ne faut jamais l'acheter trop longtemps à l'avance, surtout lorsqu'il dérive des phosphates fossiles, parcequ'il subit peu à peu une modification dans son état moléculaire qui a pour effet de lui faire perdre cette qualité ; lorsqu'il a subi cette altération, l'on dit qu'il est *rétrogradé.* Alors il ne vaut ni plus ni moins que les phosphates attaquables par l'acide carbonique contenue à l'état libre dans le sol.

Les phosphates pulvérulents et non acides sont lents à agir, surtout les phosphates fossiles, mais lorsque l'on prend le soin de les incorporer dans les fumiers frais, à mesure qu'on les sort de la bergerie, de l'étable ou de l'écurie, ils subissent peu à peu l'action de l'humus, et ils entrent en dissolution dans les purins ainsi que j'ai déjà eu l'occasion de vous le dire. Leur acide devient alors entièrement assimilable, et ne perd plus cette qualité en séjournant dans le sol.

Vous ne sauriez trop mettre cette propriété de l'humus à profit. Elle vous permet d'obtenir l'acide phosphorique à un prix bien affaibli, puisque les phosphates fossiles contenant 55 à 60 pour 0/0 de leur poids de phosphates normaux correspondant à environ 25 d'acide phosphorique, sont vendus au cours moyen de 70 à 80 francs les 1,000 kilogrammes. Cela met donc le kilogramme d'acide phosphorique assimilable au prix moyen de 32 centimes. Il est coté de 0 fr. 90 à 1 franc dans le superphosphate de chaux.

Les os pulvérisés sont vendus au cours de 14 à 15 francs les 100 kilogrammes; les phosphates précipités le sont au prix de 22 francs. Ce sont eux que vous devez employer dans celles de vos terres qui ont besoin d'être marnées. Vous devez alors les associer avec leur poids de sulfate de chaux afin de redonner aussi au sol l'élément calcaire dont il n'est pas assez richement pourvu.

Outre ces produits, dont la composition et la valeur sont bien déterminées, le commerce vous offre encore d'autres agents de fertilisation de nature plus ou moins complexe dont le prix est rarement en rapport convenable avec leur richesse en azote, en potasse et en acide phosphorique assimilables. Ils sont presque toujours fort onéreux pour vous, et je ne saurais trop vous recommander de ne jamais les acheter sans vous être assurés au préalable, auprès d'un homme compétent, du prix auquel vous pouvez consentir à les payer pour ne pas être lésés (1).

(1) Une maison de Nîmes a vendu cette année dans le pays de Caux, au prix de 28 fr. les 100 kilog., un engrais que l'on annonçait comme renfermant 2.5 0/0 d'azote organique avec 7 0/0 de phosphate de chaux. *Sa valeur réelle n'était donc pas supérieure à 8 fr. 50.*

Les produits dont je vous ai cité les noms sont réellement les seuls agents en état, aujourd'hui, de satisfaire vos intérêts. Par conséquent, vous ferez acte de sagesse en n'achetant qu'eux. Mais, dans tous les cas, n'oubliez jamais que l'azote *organique* ne possède que les deux tiers ou tout au plus les trois quarts de la valeur de l'*azote ammoniacal*, et pour ne pas être dupes, ne consentez à le payer que les deux tiers du prix auquel on vous offre celui-ci : ce sera encore quelquefois le payer trop cher. Aujourd'hui et dans les circonstances actuelles vous ne devez pas consentir à le payer au-delà de 2 francs le kilogramme.

Me voici, Messieurs, arrivé au terme de cet entretien. Je résume, en terminant, tout ce que j'ai eu l'honneur de vous exposer, en vous engageant à entrer avec confiance, d'un pas ferme et résolu, dans la voie féconde si largement ouverte devant vous, par la doctrine de M. Ville, la doctrine de l'emploi desengrais chimiques. Je vous ai signalé ses avantages, et vous trouverez, je ne crains pas de vous en donner l'assurance, un grand profit à compléter l'insuffisance de vos fumiers, en leur adjoignant, en toutes circonstances, *les doses nécessaires et judicieusement établies* de sels azotés, de sels de potasse, et de phosphates (et même de sulfate de chaux si vos terres ont besoin d'être marnées) indispensables pour assurer l'abondance de vos récoltes. Vous les emploierez, selon les circonstances, seuls ou réunis dans une masse commune, mais en tenant toujours grand compte du rôle joué dans la culture par l'emploi des dominantes.

Croyez-le bien, il est nécessaire que vous agissiez ainsi pour mettre un terme à la crise que vous traversez. Et si je ne dois pas le dire au nom de la Société centrale, j'ose affirmer en mon nom qu'elle prendra fin le jour où vous vous aiderez vous-mêmes comme vous le devez faire. Ce jour-là, dans peu de temps, si vous le voulez bien tous, car cela dépend de vous et de vos confrères de nos différentes provinces, — ce jour-là, sans redouter l'importation des blés étrangers, l'Agriculture française, redevenue forte, active et confiante en elle même, pourra exporter, jusque sur ce grand marché anglais qui lui est ouvert de l'autre côté du détroit, les excédents des récoltes qu'elle saura et qu'elle voudra produire ; et quoi que l'on dise aujourd'hui, elle pourra le faire, *j'en ai la confiance*, en luttant contre tous ses concurrents étrangers, à quelque nationalité qu'ils appartiennent (1).

(1) L'on m'a accusé d'exagération en m'entendant exprimer ainsi ma confiance dans l'avenir! Eh bien, voici sur quoi je m'appuie pour formuler mon opinion, — ma conviction. Le pays de Caux, dans les années ordinaires, produit en moyenne par hectare, 25 hectolitres de froment : il peut en produire 38, car ce rendement était obtenu, il y a plus de vingt ans déjà, par Charles Dargent, sur les terres de deuxième classe qui constituent le sol de sa ferme de Renéville-sur-Fécamp qui, on se le rappelle, obtint vers 1860 la première prime d'honneur décernée dans la Seine-Inférieure.

Cette production intensive s'observe souvent aussi dans les départements du Nord, du Pas-de-Calais, etc.

Eh bien! ce qui est possible dans ces départements, ce qui se faisait d'une façon si constante sur la ferme de Renéville, peut se faire aussi partout dans le pays de Caux. Pour y arriver, il suffit de porter le rendement moyen de ses terres en blé de 25 à 38 hectolitres par hectare. Sans doute, il faut pour en arriver là faire un grand effort, mais on le fera, car *là est le salut.*

Ce résultat peut être obtenu avec économie, par l'adjonction aux fumiers dont on se sert dans ce pays, d'une quantité d'engrais chimiques possédant une composition judicieusement établie d'après les préceptes qui se déduisent de la doctrine de M. Ville, et qui sont longuement exposés dans cet opuscule.

Cela peut occasionner une dépense complémentaire d'engrais, d'une valeur moyenne de 100 fr. et souvent moindre. Or, dans ces conditions nouvelles, le taux du fermage, les contributions, les frais généraux ordinaires de la culture, ne se trouveront pas accrus, et la paille obtenue en excédant suffira, et au-delà, par sa valeur propre, pour couvrir l'accroissement de dépense effectuée pour opérer la récolte complémentaire, pour en effectuer le battage et le transport au marché.

D'un autre côté, l'on doit admettre que dans l'état actuel des choses, et par suite de circonstances bien connues qui en ont déterminé l'accroissement, le prix de revient de l'hectolitre de blé obtenu dans la contrée s'élève à 17 fr. 27 *au maximum* dans les années ordinaires. Cela constitue pour les 25 hectolitres

Maintenant, Messieurs, permettez-moi un dernier conseil :

Lorsque vous ferez l'achat des matières fertilisantes que le commerce vous offre, ayez soin de ne le faire que dans des maisons jouissant d'une grande honorabilité, *et malgré cela, ne les acceptez qu'à titre de produits bien définis, de prix normaux, et d'une richesse* GARANTIE *en principes utiles*, surtout d'une richesse qui soit bien en rapport avec leur prix, ce qui n'arrive pas toujours, tenez-le pour certain. Vos succès, ne l'oubliez jamais, dépendront toujours de l'emploi rationnel des agents en question, et de leur richesse relative en principes assimilables.

Par conséquent, ne négligez jamais non plus, de faire vérifier leur composition par des chimistes expérimentés, car c'est dans cette vérification faite en toute circonstance, que vous trouverez les éléments constants, et les mieux assurés de votre sécurité.

Aujourd'hui, vous le savez tous aussi bien que moi, car j'en suis certain, plus d'un d'entre vous en a fait la triste expérience, le commerce des engrais est loin de se trouver toujours dans des mains loyales; et à cet égard votre intérêt veut que vous soyez particulièrement en défiance, contre toutes ces matières plus ou moins bien définies, auxquelles je viens de faire allusion, et que des marchands sans conscience, osent venir vous offrir, jusque dans vos fermes, sous des noms pompeux ou trompeurs, avec le dessein prémédité, avec l'intention audacieuse d'abuser de votre confiance, pour mieux s'enrichir à vos dépens.

une dépense de 431 fr. 75. En portant, comme je l'indique, cette dépense à 531 fr. 75 pour une récolte de 35 hectolitres, l'on reconnaît que le prix de revient de chacun de ceux-ci ne dépassera pas 14 fr.

Or, il est bien prouvé aujourd'hui que l'Egypte, la Russie et l'Amérique, pays importateurs ordinaires, ne peuvent livrer l'hectolitre de leurs blés sur nos marchés à un taux inférieur à 17 fr. 50 ou 18 fr.

Je suis donc autorisé à dire que les cultivateurs auxquels je m'adresse pourront, *en s'aidant des conseils de la science*, lutter à armes au moins égales contre leurs concurrents étrangers, le jour où ils le voudront bien.

Ils le voudront, j'en suis certain, ma confiance en leur intelligence et en leur habileté m'en est un sûr garant.

E. M.

Votre sauvegarde la plus assurée se trouve à l'époque actuelle, soyez-en bien convaincus, dans l'emploi exclusif des engrais chimiques, qu'après M. Georges Ville je recommande moi-même encore une dernière fois avec une entière confiance, et avec un désintéressement bien complet, à votre attention la plus sérieuse, lorsque vous êtes dans la nécessité de compléter l'insuffisance des fumiers produits dans vos exploitations.

THÉORIE DES CHAMPS D'EXPÉRIENCES.

Nos d'ordre du champ d'expériences.	Nombre d'hectolitres de blé obtenus par hectare sur la parcelle.					Éléments de l'engrais complet contenus dans			Exigences du sol en éléments de l'engrais complet. — Sol.		
	au fumier	à l'engrais.			sans engrais	Le Sol. Engrais.		Le Fumier Engrais complet	Sans fumier. Engrais.		avec fumier Engrais complet
		complet	minéral	azoté		minéral	azoté		minéral	azoté	
1	28	39	39	12	12	0.00	1.00	0.59	1.00	0.00	0.41
2	26	37	31	17	11	0.23	0.77	0.57	0.77	0.23	0.43
3	31	39	22	18	14	0.16	0.32	0.68	0.68	0.84	0.32
4	28	38	23	34	13	0.84	0.40	0.60	0.00	0.16	0.40
5	23	36	10	23	9	0.32	0.26	0.51	0.74	0.48	0.40
6	27	35	12	35	12	1.00	0.00	0.65	0.00	1.00	0.35

CONSÉQUENCES :

Nos d'ordre du champ d'expériences	Éléments de l'engrais complet exigés pour la culture			Matière à employer sans fumier					Matières à employer avec fumier				
	Sans fumier — Engrais		avec fumier — engrais compl.	Superphosphate de chaux	Chlorure de potassium	Sulfate de chaux	Sulfate d'ammoniaque	Dépenses	Superphosphate de chaux	Chlorure de potassium	Sulfate de chaux	Sulfate d'ammoniaque	Dépenses
	minér.	azoté											
1	1.0	0.0	0.41	k. 400	k. 200	k. 200	k. 0	fr. 112.»»	fr. 164	k. 82	k. 82	k. 0	fr. 40.92
2	0.8	0.2	[illegible]	320	160	160	80	132.80	138	69	69	35	57.54
3	0.7	0.85	0.32	280	140	140	340	202.»»	90	45	45	109	84.06
4	0.6	0 2	0.40	240	120	120	80	110.[illegible]	96	48	48	32	44.16
5	0.7	0.5	0.50	280	140	140	200	186.40	140	70	70	100	93.20
6	0.0	1.0	0.35	0	0	0	400	210.»»	0	0	0	140	86.40

APPENDICE

THÉORIE DES CHAMPS D'EXPÉRIENCES.

On a insisté dans les pages précédentes sur les services que la création des champs d'expériences peut rendre à l'agriculture. En même temps l'on a indiqué les conclusions générales auxquelles l'on est conduit par chaque résultat obtenu.

Il paraît nécessaire de faire connaître maintenant d'une façon plus complète, la marche qu'il faut suivre pour tirer des faits observés les déductions qu'ils comportent. A cet égard, il est nécessaire de rappeler que le champ d'expérience le plus simple doit être partagé en quatre parcelles qui, au point de vue de la fertilisation, se classent ainsi :

N° 1 parcelle sans engrais : *sol normal.*
2 — chargée d'engrais chimique complet
3 — — — — sans azote, (engrais minéral)
4 — — — — sans minéraux, (engrais azoté).

Comme dans les circonstances ordinaires l'engrais chimique doit être employé à titre de matière complémentaire du fumier, il convient, pour rendre l'expérience aussi instructive que possible, d'opérer encore sur une cinquième parcelle que l'on assujettit alors à l'action du fumier lui-même, employé à la dose dont on fait ordinairement l'apport pour assurer le développement des plantes mises en expérience.

En général, il est convenable, comme cela a été indiqué, de faire celle-ci sur le terrain qui doit être consacré l'année suivante à la production de la plante choisie pour faire les essais, parce qu'en agissant ainsi, l'on obtient des renseignements dont l'application faite avec convenance, peut conduire aux plus heureux résultats.

Comme exemples, nous choisissons des expériences applicables au blé. Nous les considérons comme ayant été faites parallèlement, sur six pièces de terre de qualités différentes, et par conséquent d'inégale fertilité. On les envisage comme ayant produit en litres de grains, par parcelle de 50 mètres carrés superficiels (1/2 are) les quantités suivantes :

CHAMPS	Sans engrais	Avec fumier	Avec engrais complet	Avec engrais minéral	Avec engrais azoté
	litres	litres	litres	litres	litres
N° 1	6.»	14.»	19.5	10.5	6.»
2	5.5	15.»	18.5	18.5	8.5
3	7.»	15.5	19.5	11.»	9.»
4	6.5	14.»	19.»	11.5	17.»
5	4.5	11.5	18.»	8.»	11.5
6	6.»	13.5	17.5	6.»	17.5

On trouvera ces renseignements dans la première partie du tableau placé en regard du titre de ce chapitre. Ils y sont ramenés à ce qu'ils doivent être pour l'hectare, et ils y sont suivis — d'abord, de l'indication qui s'en déduit, de la somme des éléments de l'engrais complet contenu dans le sol normal, ainsi que dans le fumier dont l'emploi a été fait. — Ensuite, ils sont suivis de l'indication des exigences du sol qu'il faut satisfaire pour le mettre en état de fournir un rendement pareil à celui qu'il donne sous l'influence de l'engrais chimique complet, selon qu'il est utilisé avec ou sans le concours du fumier.

A son tour, la seconde partie du tableau met en évidence les conséquences des résultats obtenus : elles y sont exprimées en quantités réelles de chacun des éléments de l'engrais complet qu'il faut donner à la terre dans l'un et l'autre cas pour assurer sa fécondité. Enfin les chiffres des dépenses à effectuer pour chaque circonstance déterminée y sont indiqués aussi.

Voici comment les rapports de richesse et d'exigences du sol ont été calculés:

L'on a défalqué des chiffres de rendement posés pour chaque parcelle pourvue d'un engrais quelconque, ceux attribués à la parcelle sans engrais. La différence représente, évidemment, la puissance absolue de production de chaque engrais employé, eu égard à l'état de composition du sol, et par opposition, le degré de richesse de ce sol en éléments utilisables, puisque la parcelle chargée d'une dose d'engrais minéral est actionnée et limitée dans sa fécondité par la dose d'azote actif qu'elle contient, tandis que la parcelle chargée d'engrais azoté l'est elle-même par la proportion d'engrais minéral capable d'influencer le développement de la récolte.

Les restes de chaque soustraction afférente aux parcelles à l'engrais minéral, à l'engrais azoté, et au fumier, ont été divisés ensuite par l'écart existant entre les chiffres des deux autres parcelles. Les quotients ainsi obtenus représentent donc, dans tous les cas, la proportion de chacun des deux termes de l'engrais complet, s'il s'agit des parcelles numérotées ci-dessus 3 et 4, ou celle de l'engrais complet lui-même, s'il s'agit de la parcelle chargée de fumier, que le sol fertilisé peut mettre au service de la végétation. Il suit de là que les compléments centésimaux de chaque quantité ainsi obtenue, représentent les quantités de chaque variété de matière fertilisante que le sol exige encore pour se trouver en état de produire le maximum de récolte développée sous l'influence de l'engrais complet.

Exemple : Les chiffres de production posés sur les parcelles du champ n° 2, indiquent que l'on a obtenu :

26	hectolitres de blé	sur la parcelle au fumier ;		
37	—	—	à l'engrais chimique complet ;	
31	—	—	—	minéral ;
17	—	—	—	azoté ;
11	—	sur la parcelle sans engrais.		

L'écart dans l'importance des produits obtenus, d'une part sur cette dernière parcelle, et d'autre part sur celle à l'engrais complet est donc de 26 hectolitres. Ce nombre va servir de diviseur.

L'écart des produits obtenus sur la parcelle au fumier, et celle sans engrais, est de 15 hectolitres. Ce nombre divisé par 26 donne au quotient 0.57. Nous en tirons la conclusion que le sol chargé de fumier a mis, par celui-ci, à la disposition de la végétation, les 57 centièmes des éléments contenus dans l'engrais complet, et que par conséquent, il eût été nécessaire d'incorporer encore dans ce sol les 43 centièmes des éléments de cet engrais, pour compléter l'insuffisance de la fumure exigée pour assurer la production de 38 hectolitres de blé.

Et maintenant, les excédents de production par rapport à la parcelle sans engrais, étant de 20 hectolitres sur la parcelle à l'engrais minéral, et seulement de 6 hectolitres sur la parcelle pourvue d'engrais azoté, l'on apprend, en divisant chacun de ces nombres par 26, que la première de ces deux parcelles, après sa mise en état de fertilité, s'est trouvée pourvue des 77 centièmes de la dose d'azote actif contenu dans l'engrais complet, tandis que la seconde ne renfermait après l'apport du sulfate d'ammoniaque, que les 23 centièmes de la dose des éléments minéraux dont ce même engrais complet était pourvu.

On doit donc tirer de là la conclusion que le sol mis en expérience, sans addition de fumier, exigeait les 73 centièmes des éléments minéraux, et seulement les 23 centièmes de la matière azotée contenue dans l'engrais complet.

Les nombres 23 et 73 sont ici complémentaires l'un de l'autre pour former le nombre 100, mais ceci n'est dû qu'au hazard, car, en examinant les nombres correspondant aux mêmes indications pour chacun des autres champs d'expériences, l'on reconnaît de suite que les rapports signalés sont quelque fois bien éloignés de cette concordance. Ainsi par exemple, dans le champ n° 3, ils sont entre eux comme 68 et 84, tandis que dans le champ n° 4, ils se présentent comme 60 et 16. On le conçoit, ils sont toujours déterminés par la nature et la quantité des éléments actifs contenus dans le sol lui même. Ils peuvent varier de 0 à 100, ainsi qu'on le voit dans les champs numérotés 1 et 6.

Quoiqu'il en soit, l'on comprend que ces résultats du calcul sont d'une nature telle qu'en s'appuyant sur eux, il devient possible et facile de déterminer les quantités d'engrais azoté, et d'engrais minéral qu'il est utile d'incorporer dans chaque terre mise en expérience selon que l'on opère avec ou sans le concours du fumier, pour mettre cette terre en état de donner des récoltes aussi abondantes que celles qu'elle fournit sous l'influence de l'engrais complet, employé seul. Ils permettent en outre, de déterminer les conditions financières de l'opération.

Tous ces résultats sont indiqués pour chaque champ d'expériences, dans la seconde partie du tableau précédent, sous cette désignation : *conséquences*. Voici les bases de calcul qui ont servi pour asseoir l'évaluation du coût des engrais :

L'engrais *complet* dont on se sert ordinairement pour

ces expériences est composé ainsi qu'il suit, si on le ramène aux doses applicables à l'hectare (1) :

Super phosphate de chaux contenant pour 100 parties en poids 15 partie d'acide phosphorique assimilable	400 k.	à 15 fr.	60 fr.
Chlorure de potassium équivalant à 50 pour 100 de son poids de potasse..................	200	22	44
Sulfate de chaux (plâtre) nécescessaire seulement dans les terres qui ont besoin d'être marnées..................	200	4	8
Poids et valeur de l'engrais minéral ainsi constitué.........	800		112
Sulfate d'ammoniaque contenant $\frac{1}{5}$ de son poids d'azote (poids et valeur de l'engrais azoté)..	400	à 54	216
Poids et prix de l'engrais complet	1200		328

Ainsi la culture, si elle était faite sans fumier, et sans la connaissance des besoins du sol, pourrait nécessiter par hectare, dans les conditions où l'on se place ici, une dépense d'engrais complet, ayant une valeur de 328 francs Mais lorsque l'on opère avec le concours du fumier, comme le veut la situation actuelle de l'agriculture, l'on doit se borner à compléter l'insuffisance de celui ci, par l'apport, à côté de lui, d'une certaine quantité des éléments de l'engrais complet. Dans les circonstances d'action dont le tableau renferme les éléments, le sol réclamait outre le fumier dont on le chargeait, et selon la nature des terres étudiées, depuis les 35 jusqu'aux 49 centimes d'une dose d'engrais complet, dont le prix oscille entre 114 fr. 80 et 160 fr. 72.

(1) On conçoit que ces formules peuvent varier à l'infini.

Mais si l'on constitue chaque engrais complémentaire en s'appuyant sur les données déduites de chaque expérience, l'on peut réaliser de notables économies, ainsi que l'on peut s'en assurer en jetant les yeux sur la seconde partie du tableau général, puisque les dépenses accusées n'oscillent plus qu'entre 44 fr. 16 et 93 fr. 20.

Ces résultats nouveaux, ont à leur tour été obtenus par la méthode de calcul dont voici l'exemple appliqué à la terre du champ n° 3.

Cette terre cultivée sans fumier exige 0.68 d'engrais minéral et 0.84 d'engrais azoté pour produire 39 hectolitres de froment. C'est donc une terre très fatiguée. Pour opérer le calcul, on a arrondi les chiffres, et on les a portés à 0.70 et à 0.85. Dans ces conditions l'on doit donc employer :

400 k. de superphosphate de chaux.......	X 0.7	280 k.	à 15 fr.	42 fr.	»»
200 de chlorure de potassium.........	X 0.7	140	22	50	80
200 de sulfate de chaux.	X 0.7	140	4	5	60
400 de sulfate d'ammoniaque.........	X 0.85	340	54	185	60
Poids et prix de l'engrais utile................		900		262	»»

Pour mettre cette terre, cultivée avec les engrais chimiques seuls, en état de fournir les 39 hectolitres de grain que l'on attend d'elle, il faut donc lui donner seulement 900 k. d'une matière fertilisante composée spécialement pour elle, et ayant une valeur de 262 fr., au lieu de 328 fr. que coûte la dose d'engrais complet employée pour faire les essais. Cela représente une économie de 66 fr.

Mais, on le sait maintenant, si l'on a recours à l'engrais chimique pour compléter l'insuffisance du fumier, il suffit de donner à la terre de ce champ no 3, les 32 centièmes de l'engrais dont la dose portée au poids de 900 k. et au prix de 262 francs vient d'être calculée.

Dans ces conditions nouvelles, cette terre n'exige donc plus que ceci :

Superphosphate de chaux......	280 k.	× 0,32 =	90 k. à 18 fr.	15 fr.	50
Chlorure de potassium......	140	× 0,32 =	45 22	9	90
Sulfate de chaux.	140	× 0,32 =	45 4	1	80
Sulfate d'ammoniaque.......	340	× 0,32 =	109 54	58	86
Poids et prix de l'engrais utile.			289	84	06

Ici, comme on le voit, l'économie réalisée devient considérable.

Toutefois, il est nécessaire de faire une observation: pour arriver à l'établissement des formules, l'on a adopté les renseignements précis, déduits des résultats obtenus dans chaque champ d'expériences. Cela est insuffisant : il est préférable d'accorder toujours une plus grande ampleur aux résultats sur lesquels on s'appuie pour calculer la constitution des formules, et, en outre, pour assurer l'abondance des récoltes, il faut aussi tenir toujours compte de l'utilité des *dominantes*. La dominante pour le blé étant l'azote, et le blé étant la plante assujettie aux expériences, voici comment la dernière formule doit être établie d'une façon définitive :

Superphosphate de chaux	400 k.	18 fr.	
Chlorure de potassium..........	50	11	
Sufate de chaux.................	50	2	
— d'ammoniaque (dominante). .	125	67	50
Poids et prix de l'engrais utile.......	625	98 fr.	50

Dans ce cas, pour la modique somme de 11 fr. 44 dépensée en complément, l'on assure mieux le succès.

L'on ne porte pas ici, à une dose plus élévée, la dominante *azote*, parceque, lorsque cet élément agit avec trop d'énergie, — lorsqu'il est présent dans le sol, à l'état actif, en trop grande abondance, il détermine toujours une grande luxuriance de la végétation, qui conduit fort souvent à la *verse des blés*. C'est un accident qu'il faut toujours s'efforcer d'éviter, — il est superflu de le dire.

Lorsqu'en étudiant l'influence de chacun des éléments de l'engrais complet, l'on veut approfondir plus intimement les besoins du sol, dans le but de le mettre en état de satisfaire aux exigences d'une culture spéciale quelconque, le mode de détermination de ces besoins qui vient d'être indiqué, convient encore très bien. Ainsi par exemple, si l'on en fait l'application aux résultats des expériences exécutées à Vincennes sur le blé, par M. Ville, et au Mesnil-Saint-Nicaise, sur les betteraves, par M. Cavallier, — résultats exposés dans la conférence (p. 25) voici à quoi l'on arrive :

Dans les expériences de Vincennes, l'écart de production afférent à la parcelle chargée d'engrais complet, et à la parcelle qui n'a reçu aucune matière fertilisante s'accuse par 28 hectolitres de blé. Ce chiffre exprime donc la puissance de production de l'engrais complet dont on a fait l'emploi : on doit l'utiliser comme diviseur des différences constatées encore, entre le chiffe représentant l'intensité du rendement obtenu sous l'influence de celui-ci, et ceux de la récolte obtenue sous l'influence de chaque engrais spécial. Le quotient exprime alors, la quantité de cet engrais qu'il est nécessaire d'employer pour assurer une production égale à la plus forte. Les résultats du calcul sont consignés dans le tableau suivant :

NATURE DE L'ENGRAIS EMPLOYÉ	Produits obtenus — hectolitres	Ecarts d'avec l'engrais complet	Nature de l'engrais absent et proportions *nécessaires* de cet engrais exprimées en centièmes de celui qui existe dans l'engrais complet.
Engrais complet........	39		
— — sans chaux....	37	2	0.07 de l'engrais calcaire.
— — — potasse...	28	11	0.39 — potassique.
— — — phosphate.	24	15	0.54 — phosphorique.
— — — azote.....	13	26	0.93 — azoté.
aucun engrais................	11	28	1.»» — complet.

Si l'on traduit de la même façon les résultats des expériences faites par M. Cavallier sur les betteraves, l'on a :

ENGRAIS EMPLOYÉ	Produits obtenus — kilos de racines	Ecarts d'avec l'engrais complet	NATURE ET PROPORTIONS DE L'ENGRAIS NÉCESSAIRE
Engrais complet........	51.000		
— — sans chaux.....	47.000	4.000	0.15 de sulfate de chaux employé.
— — — potasse...	42.000	9.000	0.35 de chlorure de potassium Id.
— — — phosphate.	37.000	14.000	0.54 de superphosphate. Id.
— — — azote.....	36.000	15.000	0.58 de l'engrais azoté Id.
Aucun engrais...............	25.000	26.000	1.00 de l'engrais complet Id.

On manque de renseignements sur la nature et la dose d'engrais employés dans les deux séries d'expériences mais on peut admettre qu'ils étaient constitués l'un et l'autre selon les formules n° 1, d'engrais intensifs donnés pour le blé et les betteraves par M. Ville, dans le t. II, de ses *Entretiens agricoles* (1), — engrais dont on trouve les élé-

(1) Les engrais chimiques. Entretiens agricoles *donnés au champ d'expériences de Vincennes* par M. Georges Ville, 2 vol. Paris, à la Librairie Agricole, 26, rue Jacob.

ments dans le tableau suivant, avec leurs prix commerciaux actuels :

Agents de fertilisation	Pour le blé		Pour les betteraves	
	quantités	valeurs	quantités	valeurs
Superphosphate de chaux	400 k.	60 fr. »	100 k.	60 fr. »
Chlorure de potassium.	200	44 »	200	44 »
Sulfate de chaux......	320	12 80	160	6 40
— d'ammoniaque..	480	264 »	140	77 »
Nitrate de soude (1)....	»	» »	300	120 »
Engrais complet......	1.400 k.	380 fr. 80	1.200 k.	307 fr. 40

Ainsi la dépense d'engrais complet affecté au blé s'est élevée à 380 fr. 80, et celle du même engrais affecté aux betteraves a atteint le chiffre de 307 fr. 40.

Eh bien ! si d'après les indications données par les plantes, l'on établit la formule et le prix de l'engrais complet qui s'y rapporte dans l'une et l'autre circonstance, l'on arrive à dresser le tableau suivant, dont les éléments conduisent à reconnaître que la dépense à effectuer pour le blé n'aurait pas dû dépasser 335 fr., et que celle exigée pour la production des betteraves aurait dû s'abaisser à 163 fr. Par conséquent en n'employant que l'engrais régulièrement constitué, l'on aurait réalisé une économie de 46 fr. dans le premier cas, et une de 144 fr. dans le second.

(1) Le nitrate de soude est coté ici aux trois quarts du prix auquel on paye aujourd'hui (8 mai 1880) le sulfate d'ammoniaque.

De pareils résultats apportent avec eux la démonstration des services que peut rendre l'institution des champs d'expériences :

Agents nécessaires	Pour le blé		Pour les betteraves	
	Quantités	Valeurs	Quantités	Valeurs
Superphosphate de chaux	210 k.	31 fr. 50	216 k.	32 fr. 40
Chlorure de potassium.	174	38 30	70	15 40
Sulfate de chaux.......	22	0 90	24	1 »
— d'ammoniaque...	480	264 »	81	44 55
Nitrate de soude......	»	» »	174	69 60
Engrais complet exigé..	880 k.	334 fr. 70	565 k.	162 fr. 95

Lorsque l'on se livre à ces calculs, il ne faut pas attribuer aux indications qu'ils fournissent l'idée de la précision mathématique qu'ils semblent comporter, et qu'ils comporteraient en réalité si, dans des expériences de la nature de celles dont il est question ici, il n'intervenait toujours une foule de facteurs dont quelques-uns — tels qu'une inégalité dans la constitution du sol ou dans l'épandage des engrais, — les phénomènes climatériques et les accidents d'intensité différente dont ils sont souvent la cause efficiente, sur des points tout à fait voisins, — et puis les ravages des oiseaux, des rongeurs, des insectes, etc., qui modifient l'importance des rendements de la culture.

Quoi qu'il en soit, le mode de calcul que l'on vient d'exposer conduit très simplement, comme on le voit, à des renseignements de haute valeur sur les besoins du sol, et sa richesse déjà acquise en principes utiles. Seul, jusqu'à présent, en s'appuyant sur les résultats obtenus dans les champs d'expériences dont il est le corollaire naturel, il permet de calculer avec sécurité les doses de chaque élément de fertilisation nécessaire pour compléter l'insuffisance du fumier. Seul aussi, il permet de déterminer à quelle limite il faut s'arrêter dans l'établissement de la dose des *dominantes* que l'on doit toujours employer en excès, mais sans gaspillage. Seul enfin, il permet de n'effectuer que les dépenses utiles, en assurant les maxima de la production agricole.

Fécamp, 8 mai 1880.

SECOND

APPENDICE

Liste des champs d'expériences organisés dans la Seine-Inférieure, en juin 1880, par les soins de la Société centrale d'Agriculture de ce département.

CHAMPS PRINCIPAUX

ROUEN,	dirigé par	M. Caulle, instituteur.
NEUFCHATEL,	—	le frère Adrier.
TÔTES,	—	M. Belval, instituteur.
GODERVILLE,	—	M. Gaudu, Id.
SAINT-ROMAIN,	—	M. Seineur, Id.

PETITS CHAMPS

ARRONDISSEMENT DE DIEPPE

Canton de Bacqueville.

Biville-la-Rivière. . . . . . MM. Lavaquery, instituteur.
Gueures. . . . . Moulin, Id.

Canton de Bellencombre.

La Crique. . . . . Dance, instituteur,
Origneuzeville. . . . . Noël, Id.
Sévis. . . . . Dubos, Id.

Canton d'Envermeu.

Penly. . . . . Giffard, instituteur.

Canton d'Eu.

Baromesnil . . . . Gaffet, instituteur.
Melleville. . . . . Hecquet, cultivateur.
Sept-Meules. . . . . Marchand, instituteur.

Canton de Dieppe.

Berneval . . . . Fréchon, maire.
Graincourt. . . . . Fossard, instituteur.
Janval-lès-Dieppe. . . . . Ternon, Id.
Neuville-lès-Pollet . . . . Chevallier. Id.

Canton de Longueville.

Le Catelier . . . . Delaporte, instituteur.
Saint-Germain d'Etables. . . . . Pollet, Id.
Saint-Honoré. . . . . Boyenval, Id.
Longueville . . . . Roper, Id.
Torcy-le-Grand . . . . Joly, Id.

Canton de Tôtes.

Auffay . . . . Lamoignon, instituteur.

ARRONDISSEMENT DU HAVRE

Canton de Fécamp.

Ganzeville . . . . Dubec, instituteur.
Tourville . . . . Sautreuil. Id.

Canton de Lillebonne.

Grand-Camp . . . . Ternisien, instituteur.
Triquerville. . . . . Prévost, Id.

Canton de Montivilliers.

Montivilliers. . . . . Hauguel.

Canton de Saint-Romain.

Gommerville. . . . . Goignet, instituteur.

ARRONDISSEMENT DE NEUFCHATEL

Canton d'Aumale.

Marques . . . . Riquier, instituteur.
Vieux-Rouen . . . . Larcher, Id.

Canton de Blangy.

Campneuseville. . . . . Belval, instituteur.
Pierrecourt . . . . Pollet (Albert), instituteur.

Canton de Forges.

Roncherolles-en-Bray. . . . . . Demarcy, instituteur.

Canton de Neufchâtel.

Fesques. . . . . Morel, instituteur.

Canton de Saint-Saëns.

Bosc-Mesnil. . . . . Hurpin, instituteur.
Bradiancourt. . . . . Rousselle, Id.
Sommery. . . . . Bidaut Id.

ARRONDISSEMENT DE ROUEN

Canton de Boos.

Saint-Aubin-Epinay. . . . . Stackler, propriétaire.
Authieux-sur-Port-Saint-Ouen . . Margris, instituteur.
Fresne-le-Plan . . . . Bellart, Id.

Canton de Buchy.

Bosc-Edeline . . . . Inne, instituteur.
Sainte-Croix sur-Buchy . . . . . Pelletier, Id.

Canton de Clères.

Quincampoix . . . . Poulain, instituteur.

Canton de Darnétal.

Boisguillaume . . . . Hourdequire, instituteur
Le Héron. . . . . Debonne Id.

Canton de Duclair.

Bardouville	Delamarre, instituteur.
Villers-Ecalles.	Joly, Id.
Yville-sur-Seine	Couvreur. Id.

Canton d'Elbeuf

Saint-Pierre-lès-Elbeuf	Renard, instituteur.
Caudebec-lès-Elbeuf	

Canton de Grand-Couronne.

Saint-Etienne-du-Rouvray.	Yvelin instituteur.
Grand Couronne.	Derloche, Id.
Petit Couronne.	Dupuis, Id.

Canton de Pavilly.

La Folletière.	Guéroult, cultivateur.
Fréville.	Duquesne, instituteur.
Gueutteville.	Duhamel, Id.

ARRONDISSEMENT D'YVETOT

Canton de Caudebec.

Louvetot	Sery, instituteur.
Villequier.	Langlois, cultivateur.

Canton de Fauville.

Normanville.	Mathe, instituteur.

Canton d'Ourville.

Le Hanouard.	Aubé, instituteur.

Canton de Valmont.

Coutremoulins.	Mortier, instituteur.
Thiergeville.	Masson, cultivateur.
Toussaint	Médrinal, instituteur.

Canton d'Yerville

Criquetot-sur-Ouville	Pestel,	instituteur.
Hugleville-en-Caux	Thomas,	Id.
Ouville-l'Abbaye	Souday,	Id.
Le Saussay	Suzanne,	Id.

Rouen. — Imp. H. BOISSEL, rue de Lémery, 14.